________________________님께


________________________드림

이제 막 세상 밖으로 나온
아이를 잘 키우고 싶은가?

# 눈치 보지 말고 키워라

이제 막 세상 밖으로 나온
아이를 잘 키우고 싶은가?

# 눈치 보지 말고 키워라

30년간 현장에 몸 담아온 자녀 교육 전문가
이경숙 원장의 25가지 황금률 교육법

이경숙 지음

개미와베짱이

# 알고 가르치는 부모가
# 아이의 미래를 결정 한다

"나는 다음에 커서 꼭 유치원 선생님이 되어야지!"

미래에 대한 장밋빛 희망으로 가득했던 어린 시절, 장래에 유치원 선생님이 되기를 맨 처음 꿈꾸었던 것은 제 나이 열다섯 살 때부터였습니다.

어려서부터 음악과 책읽기, 글짓기를 좋아하던 저는 교육열 높은 부모님의 크나큰 관심과 사랑을 받으며 자랐습니다. 슬하에 3남 1녀를 두신 부모님은 당시 아들 선호사상이 지배적이던 사회 분위기에도 불구하고 딸인 저에게 아들 못지않은 큰 기대를 걸고 저의 앞날을 위해 격려를 아끼지 않으셨습니다.

중학교 입시가 있던 시절이라 시험을 앞두고 밤늦게까지 공부를 하곤 했는데 그런 날이면 초저녁 잠이 많으신 엄마를 대신해 아버지께서 손수 라면을 끓여서 주시기도 했습니다. 하나에 10원 하던 사과를 사두셨다가 간식으로 주신 기억이 있습니다.

여자라 하더라도 장차 사회를 위한 훌륭한 인재가 될 수 있다고 믿어주신 부모님의 가르침 덕분이었을까요? 저는 학창시절부터 유독 자립심이 강한 아이로 자라났습니다.

단지 부모님 말씀에 순종하기만 하는 것이 아니라 제 자신이 무엇에 흥미가 있는지에 대해 고민을 많이 했습니다. 그리고 수많은 꿈 중에서도 이 나라의 새싹인 귀여운 어린 아이들에게 올바른 교육을 해주는 보람된 일을 해보고 싶다는 생각을 하게 되었습니다. 유치원 교사라면 기본적으로 피아노를 칠 줄 알아야 한다고 여겨 그때부터 열심히 풍금 치는 연습도 하고 여고 1학년 때부터는 용돈을 아껴 피아노를 배웠습니다.

저에 대한 기대가 크셨던 부모님은 제가 유치원교사보다 뭔가 더 큰 일을 하기를 원하시기도 하셨습니다. 하지만 제 꿈을 포기하고 싶지 않았습니다. '부모님이 안 보내주시면 스스로 등록금을 벌어서라도 유아교육을 전공해야지!' 라는 의지를 갖고, 남들보다 조금 늦게나마

유아교육과에 입학하였습니다.

　평생 동안 사랑스러운 어린 아이들과 함께 교육현장에 있으면서 우리나라의 교육이 점점 잘못된 방향으로 흘러가고 있는 것 아닌가 하는 우려와 근심이 깊어집니다.
　우리의 교육은 어디서부터 어떻게 잘못된 것일까요?
　부모들은 아이를 유치원에 보내기 훨씬 이전부터 선행학습 시킬 걱정부터 하고, 아이가 학교에 들어가고 나서부터는 전 국민의 모든 부모가 상상을 초월하는 사교육 비용 때문에 허리가 휩니다.
　높은 이혼율과 가족 해체 현상으로 인해 아이들은 가정에서부터의 따뜻한 인성교육을 받을 기회를 잃어버립니다. 심지어 조기유학으로 인해 기러기아버지만 홀로 남겨진 채 부모와 아이들이 뿔뿔이 흩어진 가정의 경우에는 교육의 근간이라 할 수 있는 가정교육의 역할 자체가 아예 부재하는 현상도 적잖이 보여 안타깝습니다.  과거 전통사회에서 아이들은 자연스레 밥상머리 교육이라는 것을 받았지만, 요즘 아이들은 단체급식으로 자기 밥을 먹을 줄은 알아도 생활 속 예절과 도덕을 익힐 기회를 좀처럼 갖지 못합니다. 그렇게 사춘기를 맞이하게 된 아이들은 부모와의 최소한의 소통조차 완강히 거부한 채 '왕따'나 학교폭력으로 인해 멍들어갑니다. 어렵게 대학에 진학한 후에도 자신의 꿈을 위해서가 아니라 취업전쟁과 스펙 쌓기를 위해 청춘을 바칩니다.

이 각박한 교육현실 속에서 가정이 가정의 역할을 하고 부모가 부모로서의 지혜를 발휘하며 자녀의 인성발달과 미래의 진정한 행복을 추구하는 일이란 점점 힘들어 보이기만 합니다. 부모들은 부모들대로 힘들다고 하소연하고, 아이들은 아이들대로 행복하지 못하다고 합니다. 그리고 모두의 미래를 위한 가장 소중한 '인적 자원' 인 우리 아이들의 마음이 병들어가고 있습니다.


어떻게 하면 아이를 잘 키울 수 있느냐는 부모들의 질문에 저는 종종 이런 대답을 하곤 했습니다.

"이 세상에서 제일 쉽고 즐거운 게 바로 아이들 키우는 일이었어요."

역설적으로 들릴지 모르겠지만 역설도 농담도 아닌 저의 진심입니다. 아이 키우는 일을 '세상에서 제일 쉬운 일' 로 만들 수 있는 비결은 알고 보면 간단했습니다. 부모가 사랑과 감동으로 이끄는 것입니다. 그런데 여기서 중요한 것은 사랑으로 이끄는 데에도 '방법' 이 필요하다는 점입니다.

자녀교육에 대한 중요성은 모두가 알고 있지만 이 시대에 가장 중요한 건 자녀교육이 아니라 부모교육입니다. 문제아의 행동은 결국 문제부모에게 원인이 있기 때문입니다. 사실은 대한민국 모든 부모가 아이를 낳기 전부터, 혹은 결혼 전부터 '어떻게 해야 좋은 부모가 되는가?'에 대한 기본적인 교육을 받아야 하는 것이라고 생각합니다.

아이를 어떻게 교육시켜야 하느냐보다는 아이를 제대로 사랑하고 있는지를 알아야 하고, 부모 뜻대로가 아니라 아이 뜻대로 책임감을 갖고 살아갈 줄 알게 가르쳐야 합니다. 아이의 마음속에 즐거움과 호기심이 가득한 세상을 바라볼 수 있도록 이끌어줘야 합니다. 언제까지 부모가 아이와 함께 할 수 있겠습니까? 아이가 스스로 이 세상을 살아갈 수 있도록 도와주는 게 부모가 할 일입니다. 부모 중심적으로가 아니라 아이 중심적으로, 머리가 아니라 가슴으로 키워야 합니다.

이 책을 통하여 우리 부모님들이 아이들의 진정 행복한 미래를 위해 함께 고민하고 공감하는 기회가 되었으면 하는 바람입니다.


이 경 숙

# 차례

황금률 교육법6

# 부모가 변하면 아이도 변한다  151

# 1



# 사랑하는 아이,
# 통제하지 말고
# 가슴으로 키우자

교육이 아이를 멍들게 하고 있는 시대이지만 그 어떤 부모도 아이를 잘못 키우기 위해

욕심을 부리지는 않았을 것이다. 자녀에 대한 왜곡된 사랑과 지나친 욕심은

아이를 부모의 뜻대로 통제하여 부모의 욕망을 아이를 통해 해소 받고 싶은 심리적 투사에서

비롯된 경우가 많다. 자녀를 부모와 다른 독립적인 인격체로 바리볼 수 있어야 하며,

완벽하게 통제하려 하지 말고 아이 스스로 주관을 갖고 살아나갈 수 있도록 도와주어야 한다.

**01**

# '하지 마' 보다<br>'해봐' 라는 격려로 키우는 아이

## 왜 부모의 생각이 바뀌어야 하는가?

두 아이들이 중학생이었을 무렵의 어느 날, 저는 아이들에게 특별한 '유언'을 남겼습니다. 인생이란 한 치 앞을 알 수 없는 것이라, 당장 내일이라도 부모가 너희들 곁에 있어줄 수 없는 상황이 발생할 수도 있는 것이라고, 그런 의미에서 부모가 존재하지 않는 상황을 상상하면서 너희들의 인생계획서를 써보라고 말입니다.

아이들이 써온 인생계획서는 기대 이상이었습니다. 부모라는 거대한 보호막이 없어졌을 때 어떻게 살 것인가에 대해, 그리고 만일을 대비해 무엇을 먼저 준비해야 하는가에 대해 아이들은 제법 절실한 마음을 갖고 자신의 인생설계를 해보는 것이었습니다. 두 아이 모두 하고 싶은 것도 많고, 준비하고 싶은 것도 참 많다고 했습니다.

이처럼 자녀교육이란 부모가 억지로 시키는 것이 아니라 아이들 스스로 자기 인생에 대해 어떤 자세를 갖게 하느냐가 중요합니다. 절실함이 깊어지면 굳이 부모가 '공부해라', '미래를 위해 준비해라' 라는 말을 하지 않아도 자기들 스스로 마음가짐을 달리 할 줄 압니다.

부모도 마찬가지입니다. 좋은 부모가 되기 위해서는 자녀만 억지로 바꾸려 들기보다는 부모 자신의 사고방식부터 근본적으로 바뀌어야 합니다. 부모가 먼저 달라져야 자녀들도 달라지기 때문입니다.


자녀교육에 대한 부모의 생각을 바꾸고 그것을 실천에 옮기기 위해서는 늘 다음과 같은 점들을 염두에 두어야 합니다.

첫째, 재미와 즐거움, 행복을 느낄 수 있는 교육이어야 합니다. 자녀의 마음을 움직이는 것은 강압과 강제가 아닌 미래에 대한 절실함, 그리고 스스로 자기 인생에 대해 느끼는 행복감이기 때문입니다.

둘째, 교육의 의도를 전면에 드러내기보다 생활 속에 습관처럼 배게 해야 합니다. 예를 들어 음악을 잘하는 아이로 키우고 싶으면 평소 음악을 자주 틀어주어 귀에 익숙해지도록 해주면 됩니다. 영어에 익숙해지게 하고 싶으면 영어 단어를 암기하게 하는 것보다는 영어동요나 동화를 즐길 수 있도록 자주 들려주면 됩니다.

셋째, '어떻게 키울 것인가'에 대한 고민을 다른 누구도 아닌 부모가 끊임없이 계속해야 합니다. 부모의 고민 없이 사교육이 교육의 근본 원칙을 충족시켜줄 수는 없습니다. 결국 아이들에게 인성과 사회성을 가르쳐주어야 하는 주체는 가정이고 부모라는 사실을 잊어서는 안 될 것입니다.


## 관심과 간섭이 다른 이유는


한때 아들 녀석이 한창 컴퓨터 게임에 빠져있었던 적이 있었습니다. 공부를 해야 할 시간에 몇 시간씩 게임에 몰두하는 아이를 보면 부모들은 걱정부터 앞서게 됩니다. 그만 하라고 잔소리도 해보고 야단을 치기도 합니다. 그러나 아이들은 게임에 열중한 나머지 부모님의 말씀을 귀담아 듣지 않기 일쑤이고, 결국 부모와 자녀 간의 갈등은 폭발하고 맙니다.

저 역시 아들이 게임을 오래 하는 모습을 보고 속으로 걱정이 되지 않은 건 아니었습니다. 하지만 절대로 그만 하라는 말을 하지 않았습니다. 그 대신 지나가는 말로 슬쩍 이렇게 물어봤습니다.

"지금 무슨 게임 해? 그건 어떤 게임이야?"

그리고 때로는 일부러 감탄도 해주었습니다.

"우와, 너 진짜 잘한다. 컴퓨터를 그렇게 능숙하게 하다니 엄만 네가 참 부럽다."

어떤 날은 괜히 옆에서 걱정의 말을 흘려보기도 했습니다.

"좀 쉬어가며 해야 하지 않겠어? 남자가 컴퓨터를 너무 장시간 하면 정자가 파괴되어 너처럼 훌륭한 아이를 낳을 수 없을 텐데……."

처음에는 아무 것도 안 들리는 듯 모니터만 바라보던 아들은 점차 저의 이야기에 귀 기울이는 듯 했습니다. 컴퓨터를 잘 한다는 칭찬에 의기양양해져 자신이 하는 게임에 대해 설명을 해주기도 하고, 너무 오래 하면 건강에 안 좋다는 이야기를 진지하게 귀담아 듣기도 했습니다.

게임 시간에 대해 잔소리를 하는 것이 아니라 관심을 보여주고 오히려 격려를 해주었더니, 언제부턴가 아이는 스스로 절제하는 모습을 보이기 시작했습니다. 부모가 보기에 걱정될 만큼 게임에만 빠져 지내는 시간도 점점 줄어들었습니다. 심지어 나중에는 자신의 적성을 살려 컴퓨터 관련 자격증들을 딸 수도 있게 되었습니다. 게임에 열중한 적은 있었지만 '게임 중독' 에 빠진 적은 한 번도 없었던 것입니다.

성인이 되고 나서도 저의 두 아이들은 가끔 이런 말을 하며 웃곤 합니다.

"엄마는 저희에게 공부하라는 말은 한 번도 하지 않으셨어요. 그 대신 '교묘하게' 공부를 할 수 있도록 이끌어주셨죠."

알고 보면 제가 한 일은 어려운 게 아니었습니다. 아이들에게 '하지 말라'는 말을 하지 않은 것, 그게 다입니다. 늘 좋아하는 일을 해보라고 이야기했을 뿐입니다.

오히려 '해봐'라고 함으로써 아이들의 장점과 잘하는 것을 이끌어주고 격려해준 것뿐입니다.

## 아이가 원하는 것은, 부모가 원하는 것은 무엇?

"다 알아서 해줄게. 넌 하라는 대로만 해. 이게 다 너 잘 되라고 그러는 건데 왜 부모 마음을 몰라주니?"

아마 대한민국 부모 중 상당수가 자녀에게 위와 같은 이야기를 해본 적이 있을 것입니다. 눈에 넣어도 아프지 않을 아이를 키워 유치원에 보내고 학교에 보내고 품안에서 떠나보내 독립시키기까지의 세월이 어느 부모인들 애달프고 힘겹지 않으랴마는, 유독 한국의 부모들은 자신의 인생과 자녀의 인생을 분리하지 못하는 성향이 강한 편입니다.

이것은 한국의 입시와 교육시스템이 지나치게 치열하고 불합리한 경쟁을 전제로 하고 있어, 어릴 때부터 성인이 되고 나서까지 부모가 크게 개입하지 않으면 안 될 것 같은 불안감을 유발하기 때문일 것입니다. 또한 자녀가 경쟁에서 성공하여 소위 명문대학에 들어가고 좋은 직장에 들어가기만 하면 무조건 행복한 미래가 보장되어 있을 거라 믿고, 심지어 인생역전의 꿈을 이룰 수 있다는 환상을 강하게 품기 때문입니다.

자녀의 더 좋은 미래를 바라는 부모 마음을 잘못된 것이라 할 수는 없을 것입니다. 하지만 자녀를 독립된 인격체로 인정하지 않은 채 부모의 대리만족 수단으로 여기고 부모의 못다 한 꿈을 자녀가 이뤄주기를 바랄 때, 아이의 마음은 멍이 들기 시작합니다. 부모는 아이에게 상처를 주고 있는 줄도 모른 채 계속해서 상처를 주고, 아이는 부모가 주는 것이 사랑인지 상처인지 분간하지 못한 채 건강하지 못한 인격체로 성장하는 것입니다.

지금 내 아이에게 바라고 요구하고 있는 것이 정녕 아이가 원하는 것일까요, 혹은 부모가 원하는 것을 아이에게 투사시킨 것일까요? 아이의 마음을 있는 그대로 들여다볼 수 있는 출발점은 바로 이 질문을 스스로에게 던져보는 데서 시작됩니다.

## 02

# 자녀는 독립된 인격체임을 인정하자

**부모의 꿈과 자녀의 꿈은 다르다**

중2때 아들이 전교 1등을 한 적이 있습니다. 저는 다시는 전교 1등을 하지 말라고 했습니다. 아이가 스트레스를 너무 많이 받으면 공부가 싫어질까 봐 걱정이 되었기 때문입니다.

"1등을 했다는 건 너무나 기쁘고 장한 일이야. 하지만 1등을 지킨다는 건 힘든 일이 될 수도 있단다. 1등의 목표보다는 등수 상관하지 말고 즐겁게 공부하면 좋겠다."

아이가 좋은 성적을 받았는데 기분 좋지 않은 부모가 어디 있을까요? 하지만 저는 제 아이가 경쟁이 아닌 즐거움으로 편안하게 공부하기를 원했습니다. 성적 몇 점 점수 차이는  인생에서 점 하나 차이일

뿐이니 자기 스스로 공부를 하고 싶어 할 수 있도록 마음의 여유를 갖게 하고 싶었습니다. 성적이 떨어질 때 스트레스를 받고 부모님께 꾸중 들을까봐 불안했던 일은 학창시절에 저도 경험해봤던 일입니다. 자녀가 부모의 뜻대로 되지 않을 때, 우리나라 부모들은 다음과 같이 화를 내기도 합니다.

"내가 너한테 어떻게 했는데! 너 때문에 내 인생 포기하고 다 바쳤는데 네가 어떻게 이럴 수 있어!"

혹시 홧김에 자녀에게 이런 말을 한 적은 없나요? 자녀의 성적이 부모의 기대에 미치지 못했다고 해서, 혹은 장래희망에 대해 부모와는 다른 의견을 내놓았다고 해서, 그저 걱정스러워하는 정도가 아니라 자녀에게 크나큰 배신감을 느끼고 분노를 표출한 적은 없나요?

만약 그런 적이 있다면 그 분노가 아이를 향한 것인지 자기 자신의 인생을 향한 것인지 되돌아볼 필요가 있습니다.

아이를 독립된 인격체로 여기지 못하는 부모의 경우, 정작 부모 자신의 인생은 성공하지 못했다고 느꼈을 가능성이 높습니다. 자신도 한때는 꿈 많은 아이였는데 여러 가지 현실의 제약 때문에, 의도하지 않은 불운 때문에, 혹은 자신의 부주의함 때문에 목표를 이루지 못했다고 여기고 현재의 삶을 행복하지 않다고 느끼는 것입니다. 그리고 그 탈출구 혹은 돌파구를 자녀에게서 찾으려 합니다.

자신의 현재에 대한 불행감이 큰 부모일수록 자녀에 대한 기대감도 커집니다. 그리고 아이를 성공시키는 것이 자신의 성공이라 믿고 아이의 꿈과 부모 자신의 꿈을 동일시하게 됩니다. '아이를 위한 것'이라고 굳게 믿지만 사실은 아이를 자신의 분신으로 생각하는 것이기 때문에 아이가 정말 원하는 것이 무엇인지, 아이의 욕구가 무엇인지에 대해서는 미처 생각하려 하지 않습니다.

아이는 아직 어리고 인생 경험이 없기 때문에 부모의 선견지명을 알 리 없다고 여기고, 따라서 부모가 시키는 것에 무조건 복종하고 따르기를 종용하게 됩니다. 그러다 보니 아이의 학교성적이 조금만 기대에 미치지 못하거나 부모의 명령에서 조금만 어긋나도 배신감을 크게 느끼는 것입니다.

## 아이는 부모의 분신이 아니라 독립된 인격체다

문제는 이런 부모 밑에 자라난 아이는 단지 상처만 입고 끝나는 것이 아니라 장차 인격 형성과 대인관계에서 문제를 일으킬 수 있다는 점입니다. 어릴 때는 물론이고 성인이 되고 나서도 부모 없이는 아무것도 못하게 되고 뭘 하든 부모에게 의존하게 됩니다.

 황금률 교육법 1 사랑하는 아이, 통제하지 말고 가슴으로 키우자 부모 마음에 들지 않을까봐, 그래서 사랑받지 못할까봐 마음 졸이며 성장한 아이는 사회생활의 대인관계 및 이성 관계에서도 어려움을 겪을 수 있습니다.

타인에게 인정받지 못하거나 심지어 버림 받을까봐 늘 불안에 시달리는 것입니다. 그리고 관계에서 약간의 문제만 생겨도 자신을 탓하는 자존감이 낮은 어른이 될 수 있습니다.

아무리 부모가 낳은 존재라 하더라도 자녀는 부모와는 전혀 다른 인격체입니다. 부모의 유전자를 물려받았다 하더라도 부모의 복제품이나 분신은 아닙니다. 자식의 몸을 낳은 건 부모이지만 자식의 의지까지 부모가 낳아준 것은 아닙니다.

자녀는 부모가 원하는 그림을 마음대로 그릴 수 있는 흰 도화지가 아닙니다. 자녀 스스로가 원하는 색깔로 그 도화지를 색칠하고 채워나가는 것이지, 부모가 대신 칠해주고 채워주려 해서는 안 됩니다.

부모의 못다 한 꿈을 자녀가 대신 이뤄주기를 바라지 말고, 부모와는 다른 독립된 인격체인 아이가 자기 자신의 꿈을 제 힘으로 펼칠 수 있을 때까지 그저 옆에서 도와주고 귀 기울여 주고 기다려주는 것이 부모의 역할입니다.

## 자녀의 인생을 부모가 대신 살아줄 수는 없다

부모들이 자녀의 교육과 진로의 거의 대부분을 좌지우지하게 되면서 요즘에는 성인이 되고 나서까지, 심지어 자식들이 결혼을 하고 나서까지 자식들의 인생을 좌지우지하려는 부모들을 종종 보게됩니다.

아이가 대학입시를 치를 때까지 완벽한 '매니저'로서 아이의 진로와 교육기관 선택, 스케줄까지 세세하게 관리하고 돌보던 것에 익숙했던 부모들은, 아이가 대학에 들어가고 나서도 전공이나 학점 문제에 개입하고 진로 및 직장 선택에 있어서도 모든 것을 관리해주려 듭니다. 자녀가 받은 학점이 납득이 안 된다며 담당 교수에게 전화를 걸거나 대학에 직접 찾아오는 부모들이 종종 뉴스에 등장하기도 할 정도입니다.

성인이 되면 경제적으로 독립하고 분가하는 것을 당연시하는 서양과 달리 우리나라는 독립의 시점이 오히려 늦춰지고 있는 추세입니다. 입시와 취업문제에 부모가 깊이 개입할뿐더러, 자녀가 결혼을 할 때에도 온전히 자신의 힘으로 할 수 있기보다는 부모가 집장만이나 혼수 같은 경제적인 부분의 일부 혹은 전부를 보조해줘야 하는 경우가 많습니다. 그러다 보니 성인이 되어 결혼을 하고 나서도 여전히

'품 안의 자식' 처럼 존재하는 것입니다. 또한 맞벌이 부부 증가와 그에 따른 자녀 양육 문제 등으로 인해 결혼을 하고 나서도 부모님 집 근처에 살거나 빈번한 왕래를 하게 되기도 합니다.

부모 자식 간에 돈독한 관계를 유지하는 것은 좋지만, 부모가 자식의 모든 것을 평생에 걸쳐 결정해주고 간섭하는 것은 바람직하지 않습니다. 따라서 어렸을 때부터 자녀에게 자녀의 인생이 있음을 인정하고 놓아줄 때는 놓아줄 필요가 있습니다.

아이의 마음에 관심과 사랑을 쏟되 하나에서부터 열까지 간섭하고 개입하려는 욕심은 자제해야 합니다. 자녀를 대리만족 수단으로 여겨서도 안 되고, 자녀의 인생을 대신 살아줄 수 있다고 착각해서도 안 됩니다.

## 03

# 아이는 부모의<br>대리만족 수단이 아니죠

## 자녀에게 많은 것을 강요하지 말자

"이건 틀린 거라고 지난번에 가르쳐줬잖아. 내가 몇 번을 얘기했
니? 자, 다시 해봐. 완벽하게 될 때까지 다시 해."

모든 부모가 그런 것은 아니지만, 유난히 아이에게 완벽을 강요하
는 부모를 간혹 보게 됩니다.

아이가 어릴 때는 어느 정도 무질서하고 불완전한 것이 당연한데도
그조차 견디지 못하고 불같이 화를 내며 공포 분위기를 만듭니다. 물
건을 정리하는 것도, 밥 먹는 것도, 잠자는 것도, 하나에서부터 열까
지 시간과 규율을 정확히 지켜야 하고, 아이가 조금이라도 규칙을 어
기거나 시간을 몇 분이라도 어겼을 경우 부드럽게 타이르는 것이 아

니라 아이에게 분노를 표출합니다. 그리고 부모가 만족할 때까지 다시 하라며 몇 번이고 훈련을 시킵니다. 마치 군대에서 훈련병을 훈련시키듯 모든 것을 완벽한 규율 하에 통제하는 것입니다.

아이가 커서 학교에 가면 통제의 양상은 더욱 심해집니다. 최선을 다하면 되는 것이 아니라 남보다 뛰어나기를 강요하며, 부모 기준에 미치지 못했을 때는 몹시 수치스러워합니다. 아이를 다독이거나 잘하도록 격려하는 것이 아니라 늘 부족한 점을 부끄러워하게 만드는 것입니다. 이러한 부모들은 늘 자녀의 단점과 부족한 점을 지적합니다. 조금이라도 흐트러지는 것을 용납하지 못할뿐더러, 아이가 두려워하거나 자신감 없는 태도를 보이는 것조차도 허용하지 않습니다. 아이의 감정조차도 완벽해야 한다고 여기기 때문입니다.

이러한 완벽주의 부모 밑에서 자라난 아이가 정서적으로 성숙하고 자신감 있는 성인이 되는 것은 거의 불가능할 것입니다.


## 결과보다 과정에 중점두기


예전에 교육방송의 한 프로그램에서 우리나라의 부모와 서양의 부모들을 대상으로 실험을 실시한 적이 있었습니다. 우선 10세 이전의 어린 아이와 어머니를 나란히 앉게 하고, 아이로 하여금 단어 퍼즐을 풀게 하였습니다. 어머니들은 그 실험이 아이의 문제풀이 능력을 테스트하는 것인 줄로 알고 있었습니다.

아이들에게 제시된 문제는 그 나이대의 아이들이 해결할 수 있는 수준의 단어 퍼즐이었는데, 반드시 어머니 도움 없이 아이 혼자의 힘으로 풀어야 한다는 전제가 주어졌습니다. 그리고 테스트가 시작되고 잠시 후, 그 방에 있던 상담교사가 잠시 자리를 비우는 척 하였습니다. 즉 실험을 하는 방에는 어머니와 아이 단둘이 남아있게 된 것입니다. 그런데 시간이 흐르자 신기한 현상이 벌어졌습니다. 아이가 단어 퍼즐을 맞추기 위해 고민하며 집중하자, 외국의 어머니들은 그 모습을 옆에서 그냥 지켜보기만 하며 빙그레 웃기만 하는 것이었습니다. 아이가 단어를 옳게 맞추면 '잘 했어.' 와 같은 격려의 말을 해주고, 아이가 틀려도 그저 계속 지켜보며 '할 수 있어. 괜찮아.' 와 같은 추임새를 넣어줄 뿐이었습니다. 그리고 아이가 몇 번의 시행착오 끝에 마침내 옳은 답을 맞힐 때까지 계속 끈기 있게 기다려주었습니다.

반면 우리나라의 어머니들은 어땠을까요? 대다수의 어머니들이 아이가 단어를 틀리게 놓는 것을 견디지 못하고 계속 초조해 하는 모습을 보였습니다. 심지어 어떤 어머니들은 주위를 슬쩍 살펴보더니 아이 대신 문제를 풀어주는 것이었습니다. 아이의 문제풀이에 개입해서는 안 된다는 주의사항을 알고 있음에도 불구하고, 내 아이가 다른 아이들보다 테스트 점수를 높이 받지 못할까 봐 걱정이 앞선 것이었습니다.

단지 우리나라와 외국의 문화 차이라고 하기에는 참으로 인상적인 모습이었습니다. 실제로 이 실험 결과 유독 한국의 어머니들만은 아이가 문제를 풀 수 있을 때까지 기다려주지 못하고 아이 대신 문제를 풀어주는 비율이 외국 어머니들에 비해 압도적으로 높았습니다.

아이가 문제를 풀어주는 '과정'을 진득하게 기다려주지 못하고 아이 대신 문제를 해결해주려 하며 완벽한 '결과'를 중시하는 우리나라 부모들. 이와 같은 완벽에 대한 부모의 노이로제야말로 아이의 발전을 막는 원인일 지도 모른다는 생각이 들게 하는 실험이었습니다.


## 자녀에게 보상받으려 하지 말자

이러한 완벽주의적 부모에게서 자란 아이들은 늘 부모의 비판을 두려워합니다. 얼핏 보기에는 바르고 반듯하고 규율도 잘 지켜 가정교육을 잘 받은 아이인 것 같지만, 정작 자기가 원하는 것이 무엇인지는 잘 모르고 있을 수도 있습니다.

자신의 판단을 믿지 못하여 매번 후회하기도 하고, 부모에게서 받은 노이로제를 그대로 재현하여 매사에 완벽하지 못한 것을 그 자신이 견디지 못하는 강박증이나 결벽증에 시달리며 살기도 합니다.

완벽주의적 부모가 흔히 당연시하는 생각 중 하나가, 내 아이는 내 덕분에 여기까지 올 수 있었다고 하는 것입니다. 나 없이는 아무것도 할 수 없었을 텐데 이만큼 관리하고 가르친 덕분에 여기까지 왔고, 따라서 나는 자식으로부터 크나큰 감사와 보상을 받는 것이 마땅하다는 것입니다. 하지만 부모란 아이를 소유하고 통제하여 뭔가를 이루게 한 다음 다시 자녀로부터 보상을 받아야 하는 존재가 아닙니다. 그것은 부모의 특권이 아닙니다.

보상 받지 못하는 것이 억울하다고 생각하는 것은 자녀를 부모의 꼭두각시나 소유물로 여겼기 때문입니다. 자녀는 처음부터 완벽한 존재도 아니고, 그렇다고 부모의 통제 하에 완벽한 그 무언가로 만들 수 있는 영혼 없는 대상도 아님을 알아야 합니다.

좋은 부모란 '돈 많은 부모', '잘 난 부모'가 아니라, 매사에 너그러운 관용과 일관성을 가진 부모입니다. 그리고 이 세상 모든 아이들이 부모에게 듣고 싶은 말은 다음과 같은 말입니다.

"괜찮아. 최선을 다하면 돼. 결과가 어떻게 나오든 네가 자랑스럽다."

 

04

# 순종적인 아이로 키우지 말자

## 무조건적인 순종은 위험하다

"우리 아이는 얼마나 말을 잘 듣는지 몰라요. 부모가 시키는 건 두 말 없이 다 한답니다."

흔히 어른들은 얌전하고 말 잘 듣는 아이를 착한 아이라며 칭찬하는 경우가 많습니다. 하지만 겉보기에 말을 잘 듣는 것 같고 어른에게 순종적으로 보이는 아이라 해서 반드시 건강한 내적 성장이 이루어지고 있는 것은 아닐 수도 있습니다.

어른에게 예의바른 것과 지나치게 순종하는 것은 다릅니다. 아이답지 않게 지나치게 순종적인 태도를 보이는 아이의 경우, 타고난 내성적인 성격 때문이 아니라 부모에 대한 두려움 때문에 자신의 주관과 감정을 억제하는 것일 수도 있습니다.

그런 경우의 순종이라면 아이의 마음은 이미 병들고 있는 것인지도 모릅니다. 부모의 마음에 들기 위해, 야단맞지 않기 위해, 스스로를 부모의 소품이라 여기고 체념한 것이기 때문입니다.

모든 부모는 아이가 잘못된 길로 가지 않기를 바랍니다. 그래서 세상을 먼저 산 경험자로서 내 아이를 지키고 보호하기 위해 부모로서의 힘을 남용하기도 합니다. 하지만 부모가 모든 것을 도와주고 모든 것을 대신 해주는 것은 아이를 부모의 맞춤형 꼭두각시나 인형으로 만들 뿐입니다.


## 왜 주관적인 아이가 창의적인 아이인가?


자신의 주관을 내비치지 않고 그저 부모의 명령을 따르기만 하는 아이는 마음속에 두려움을 간직한 채로 성장하게 됩니다. 부모로부터, 어른으로부터 늘 '착한 아이' 라는 소리를 듣기 위해 안간힘을 쓰는 것입니다.

그렇게 성장하다 보면 자신의 의지가 무엇인지, 살면서 어떤 선택을 해야 하는지를 성인이 되어서도 모르게 됩니다. 전공 선택도, 취업도, 배우자를 선택할 때도 부모가 결정해주지 않으면 아무것도 할 줄 모르는 몸만 어른인 아이로 남아있는 것입니다.

이런 아이는 겉으로는 착한 아이처럼 비춰질 수도 있지만 정서적으로는 마치 부모의 노예처럼 숨 막혀 하며 억눌려 있는 것입니다.

어릴 때부터 어머니가 하나에서부터 열까지 다 결정해주고 오늘 입을 옷까지 지정해준 아이는 얼핏 보기에는 말끔하고 단정해서 어른 눈에 만족스러울지도 모릅니다. 그러나 그런 아이는 커서도 어떻게 하면 남을 만족시킬까 갈팡질팡하다 정작 자신이 하고 싶은 것은 하지 못하는 사람이 될 수 있습니다.

반면 유아 때부터 옷도 제 손으로 골라 입어 버릇하고 매사를 스스로 결정하며 성장한 아이는 비록 처음에는 서투르고 어설퍼 보일 수도 있습니다. 하지만 그런 아이가 나중에는 창의적이고 자신감 있는 강인한 아이가 될 것입니다.

# 05

# 지나친 통제와 간섭은 아이를 망친다

## 아이를 숨 막히게 하는 부모는?

자녀를 지나치게 억압하는 부모의 경우, 겉보기에는 매우 가정적이고 자녀교육에 열정적인 부모로 보일 수 있습니다. 집안 관리에서부터 아이들을 가르치는 모든 부분에 있어서 완벽을 추구하며 관심을 쏟습니다.

그런데 관심을 넘어 아이들을 통제하고 억압할 뿐만 아니라, 아이가 조금만 실수하거나 잘못해도 꾸중을 하고 잘못을 용납하지 못합니다. 즉 아이의 일거수일투족을 부모의 원칙하에 완벽하게 통제하려 하고, 아이가 통제를 벗어나는 것을 견디지 못합니다.

또한 아이가 1등을 하거나 상을 받거나 외적으로 높은 성취를 이룬 것에 대해서는 칭찬을 하기도 하지만, 아이의 있는 그대로의 모습을 칭찬해주거나 따뜻하게 격려해주지는 않습니다. 하물며 부모가 원하는 결과물을 아이가 가져오지 못했을 경우에는 차갑게 대하거나 벌을 내립니다.

특히 아이에게 극단적인 순종을 요구하는 부모의 경우, 아이가 자신만의 의견을 이야기하면 크게 화를 내기도 합니다. 아이도 독립된 인격과 감정과 주관을 갖는 존재라고 생각하지 못하기 때문에, 제 의견을 말하거나 질문하는 것을 부모에 대한 반항이자 권위에 대한 도전이라고 여기는 것입니다.

이런 경우 더 강한 억압을 가하거나, 심한 경우 아이에게 신체적 폭력을 가하기도 합니다. 그리고 이러한 통제와 억압을 자녀에 대한 사랑이라고 굳게 믿습니다.


## 억압과 통제를 받고 자란 아이는 자신감을 잃는다

부모의 극단적인 통제 하에 순종하며 자란 아이는 늘 불신과 불안을 마음에 품은 사람으로 성장합니다. 타인이 자신을 조금만 비판해도 견디지 못하고, 타인을 만족시키지 못했다고 생각되면 극도로 불안해합니다.

그래서 어린 시절 부모에게 순종했던 것처럼 다른 사람들에게도 무조건 순종하려 듭니다. 자신의 주관과 의지를 펼치지 못하며 남들 앞에서 무조건 숨죽이는 것입니다.

늘 억눌린 느낌을 안고 살지만 풀어내지 못하고 어떤 선택을 하건 확신을 가지지 못합니다. 자신이 진정 원하는 것을 요구하는 것도 어려워합니다. 그리고 자신의 의견이나 선택 때문에 남에게 비난받을까봐 매사에 노심초사하고 두려워합니다.

마음이 건강한 아이는 무조건 순종하는 아이가 아님을 알아야 합니다. 정서적으로 건강한 아이는 어른 앞에서 예절을 갖출 줄 알되 때에 따라서는 자신의 의견과 질문을 또박또박 이야기할 줄도 아는 아이입니다. 다른 사람을 배려할 줄 알지만 자기만의 주관을 갖고 있는 아이입니다.

말 잘 듣는 아이보다는 자기만의 생각을 키우고 질문할 줄 알고 의견을 피력할 줄 아는 아이로 키우는 것이 중요합니다.

**06**

# 완벽한 부모보다 최선을 다하는 부모가 되어야 하는 이유는?

## 자녀에게 자격지심 갖지 말자

'딸 가진 죄인'이라는 말도 있지만 요즘에는 아들, 딸 구별 없이 '자식 가진 죄인'이라고 하는 것이 더 맞을 것입니다. 그만큼 대개의 부모들은 자녀에게 미안한 마음을 갖고 삽니다. 더 잘 먹이고 입히지 못해 미안하고, 더 풍족한 환경을 제공해주지 못하는 것 같아 미안하고, 더 좋은 교육을 시켜주지 못할까 봐 미안해합니다.

'맹모삼천지교'의 맹자 어머니처럼, 자식을 독하게 키워 명필로 성장시킨 한석봉 어머니처럼, 자식의 남다른 천재성을 알아보고 계발시킨 에디슨 어머니처럼, 자녀교육의 귀감이 되는 고전적 사례들을 접할 때마다 죄책감을 느낄지도 모릅니다.

요즘에는 교육에 대한 정보가 워낙 넘쳐나다 보니 아이를 어떻게 키워야 하는지에 대한 광범위한 지식들을 일반 부모들도 많이 알고 있습니다. 심지어 전문가를 방불케 하는 정보력으로 무장하고 자녀 교육을 위해 모든 것을 투신하는 부모도 적지 않습니다.

높은 교육열이라는 말로도 부족한 한국 부모들의 모습은 이 나라 교육제도에 대한 불안감에서 비롯되었을 것입니다. 하지만 다른 집 부모들처럼 하지 않으면 우리 아이만 경쟁에서 뒤처질 것이라는 지나친 불안감이 부모를 병들게 하고 아이들을 아프게 하기도 합니다.

다른 집 아이들은 몇 살 때 한글을 떼고 몇 살부터 영어유치원에 보냈다는데 내 아이도 똑같이 시키지 않으면 큰일 날 것 같고, 옆집 아이는 몇 점을 받아왔다는데 내 아이의 점수가 조금 부족한 것 같으면 아이를 마구 닦달하고 후회하기도 합니다.

아이에게 완벽을 요구하는 부모는 아이의 마음에 상처를 주기도 하지만 그 부모 자신도 사실은 멍들고 있는 것인지도 모릅니다. 더 높은 비용을 들이고 더 완벽한 뭔가를 아이에게 제공해야만 한다는 강박관념이 죄책감을 낳기 때문입니다. 그래서 내 아이를 다른 아이들과 비교할 뿐만 아니라 자신을 다른 부모들과 비교하며 괴로워합니다.

## 성적보다 인성이 먼저다

공부를 잘하거나 남다른 재능을 일찍 꽃피운 아이를 둔 부모들의 성공담을 보며 '내 아이가 부족한 것은 다 내 잘못이다.'라는 죄의식을 갖는 부모들도 많습니다. 하지만 그런 자격지심은 부모 자신에게도 아이에게도 아무 도움이 되지 못합니다.

훌륭한 부모란 영재 아이를 둔 부모도, 명문대를 1등으로 입학시킨 자녀를 둔 부모도 아닙니다. 반대로 말하면 아이가 1등이 아니라 해서, 혹은 특출한 천재가 아니라 해서 그 부모가 자격 없는 모자란 부모인 것이 절대 아닙니다.

좋은 부모는 우리 사회의 구성원으로서 자기 분야에서 성실한 삶을 살고 타인에 대한 예의와 인간으로서의 상식을 갖추고 살아나가는 인성 좋은 사람들입니다. 자녀에게 물질적으로 완벽한 환경을 만들어주지 않더라도 부부 간에 화목하고 서로를 신뢰하는 가정을 꾸려나가는 것이야말로 좋은 부모의 조건입니다.

# 부모도 실수할 수 있음을 인정하자

평범한 부모들은 자녀교육지침에서 지시하는 수많은 내용들을 백 퍼센트 실천하지 못할 수도 있습니다. 때로는 아이에게 화를 내기도 하고 부족한 모습을 보일 수도 있습니다. 부모 역시 인간이기에 로봇처럼 완벽할 수는 없습니다. 하지만 괜찮습니다. 아무리 부모라도 누구나 부족할 수 있고 실수할 수 있음을 인정해야 합니다. 아이를 머리가 아닌 가슴으로 대하며 대화와 소통의 시간을 늘려 나가면 되는 일입니다.

스스로 완벽을 추구하고 아이에게도 완벽을 요구하는 강박적인 부모가 되려 할 것이 아니라, 불완전한 자기 자신을 아이와 함께 개선시켜 나가는 모습과 의지를 몸소 보여주면 되는 것입니다. 지금 당장 자녀의 학업성취 결과는 눈앞의 몇 년을 만족시켜줄지 모르지만, 부모로부터 가슴으로 배운 인성은 그 아이의 평생을 책임져줄 것입니다.

부모 스스로가 원만하고 성숙한 사람이 되기 위해 최선을 다 하되, 아이의 인생을 부모 욕심대로 설계하려 하지 말고 아이 스스로 홀로 서기를 할 수 있도록 도와주시기 바랍니다. 아이들은 완벽한 부모가 아니라 노력하는 부모를 통해 더 많은 것을 배울 것입니다.

부모도 힘들 때 힘들다고 말할 수 있어야 합니다. 어느 날 아들에게

"엄마 요즘 너무 힘들다."라고 말한 적이 있습니다. 그랬더니 아이가 이런 말을 하는 것이었습니다.

"엄마, 인생의 바구니에는 늘 무언가 담겨진대요. 그러니 억지로 비우려고 하지 마세요. 어차피 비워도 또 다른 그 무엇으로 채워져요."

요즘도 힘들 때면 그때 아이가 제게 해줬던 그 말을 떠올립니다. 그리고 '순응하면 다 지나가리라.' 라고 되뇌어 봅니다.

## [ 1. 부모의 해결되지 않은 트라우마가 자녀에게 상처를 준다 ]

아이를 지나치게 통제하거나 정신적, 신체적 학대를 가하는 부모의 경우, 그 자신이 어린 시절 비슷한 유형의 통제나 학대를 받은 경험이 있는 경우가 많습니다. 부모에게서 받은 상처를 자녀에게 유사한 방식으로 되풀이하는 것인데, 이는 부모가 되고 나면 자신의 어린 시절의 잊고 있던 트라우마가 가장 강력하게 되살아나기 때문입니다.

예를 들어 어릴 때 부모에게서 학대를 받고 자란 사람은 어른이 되고 나서도 마음속에 엄청난 분노가 잠재되어 있습니다. 그러한 분노를 자신의 자녀를 통해 무의식중에 해소하려고 하여, 아이의 사소한 언행 하나에도 야단치거나 학대할 이유를 찾아냅니다. 아이가 야단맞을 짓을 했다고 생각하며 자신의 행동을 정당화하는 것입니다.

때로는 아이에게 양극단의 행동을 하는 부모도 있습니다. 야단칠 때는 혹독할 정도로 언어적, 신체적 폭력을 가하다가도, 다음날에는 죄책감을 느끼며 아이에게 사과하고 더할 나위 없이 다정한 부모로 돌변합니다. 이런 부모 밑에서 아이는 어떤 행동을 해야 할지 일관성을 찾지 못해 정서적 혼란에 빠지게 됩니다.

비정상적인 통제나 학대를 받는 아이의 경우 흔히 범죄의 피해자가 보이는 양상을 보입니다. 부모가 자신을 야단치고 학대하는 것은 자기가 잘못했기 때문이며 다 자기 탓이라고 생각하는 것입니다. 특히 부모에게서 늘 단점만을 지적받고 '못된 아이, 멍청하다, 나쁘다' 와 같은 말을 많이 듣고 자란 아이는 비정상적으로 낮은 자존감을 형성하게 됩니다.

아이를 가장 사랑하고 보호해줘야 할 부모라는 존재가 아이의 마음에 상처를 줄 때, 아이들은 자신이 할 수 있는 것이 아무 것도 없다는 무기력감을 평생 안고 삽니다. 부모가 받은 트라우마가 자녀에게 또 다른 상처를 주지 않도록, 부모 자신의 묵은 상처를 먼저 돌아보고 치유해야 할 것입니다.


## [2. '자녀들은 소유물이 아닙니다']

당신의 자녀들은 당신의 것이 아닙니다.

그들은 생명의 아들과 딸입니다. 그들은 당신을 거쳐 태어났을 뿐 당신에게서 온 것은 아닙니다. 또한 당신과 함께 있으나 당신의 것이 아닙니다.

그들에게 당신의 사랑을 줄 수는 있지만 생각을 줄 수는 없습니다. 왜냐하면 그들은 자신들 스스로의 생각을 가지고 있기 때문입니다.

당신은 그들의 육체를 위한 집을 제공해 줄 수는 있어도 영혼을 위한 집을 제공해 줄 수는 없습니다. 왜냐하면 그들의 마음은 꿈속에서조차도 찾아갈 수 없는 미래의 집에 살고 있기 때문입니다.

당신이 자녀들처럼 되려고 노력하는 일은 좋지만 자녀들을 당신처럼 만들려고 하지는 마십시오. 왜냐하면 삶이란 뒷걸음쳐 가는 법이 없으며 어제에 머물러 있는 것이 아니기 때문입니다.

- 칼릴 지브란의 〈예언자〉 중 '자녀에 대하여'

## [ 3. 프로크루스테스의 침대처럼 키우지 말자 ]

그리스 신화 중에 '프로크루스테스의 침대' 이야기가 있습니다. 포세이돈의 아들 프로크루스테스는 악명 높은 도둑이자 노상강도였습니다. 그의 집에는 무서운 쇠침대가 하나 있었습니다. 나그네가 지나갈 때마다 그는 나그네를 집안으로 불러들여 그 침대에서 자도록 했습니다. 그런데 나그네로 하여금 쉬어 가게 하기 위함이 아니었습니다.

나그네의 키가 침대 길이보다 길면 몸을 잘라서 죽이고, 침대 길이보다 짧으면 몸을 억지로 늘여서 죽음에 이르게 하였습니다. 그리고 죽은 나그네의 돈과 물건을 빼앗아 자기 것으로 만들었습니다.

신화 속 프로크루스테스의 침대 이야기는 '프로크루스테스 체계' 라는 말로 파생되기도 했는데, 이는 자기만의 일방적인 기준 혹은 융통성 없는 사고방식에 다른 사람들의 생각을 억지로 끼워 맞추려는 아집과 편견을 의미하는 관용구로 쓰이게 되었습니다.

흔히 프로크루스테스의 침대는 독단적이고 소통 불가능한 선입견, 편견, 독재 등을 일컫는데, 천편일률적이고 강압적이며 일방적인 한국의 교육체계 혹은 한국 부모들의 사고방식을 경계할 때에도 종종 쓰이곤 합니다.

아이를 부모의 잣대로 재단하여 그보다 길면 자르고 짧으면 늘이는 프로크루스테스의 침대처럼 교육하고 있는 것은 아닌지 반성할 필요가 있습니다. 모든 아이들이 똑같은 목표에 도달해야 하고 똑같은 기준에 의해 평가받아야 하는 교육이야말로 잔인한 강도를 닮은 것인지도 모릅니다.

부모의 말에 순종하고 부모가 강요하는 것을 소화해야만 하는 아이들은 발목을 잘리거나 뼈가 기형적으로 늘어난 채 겉으로만 착한 아이로 보이는 것일 수도 있습니다. 우등생이던 자녀가 어느 날 갑자기 패륜 범죄를 저지르거나 멀쩡해 보이던 아이가 범죄자가 되는 충격적인 일이 점점 자주 벌어지는 것은 어쩌면 발목이 잘리거나 뼈가 늘어난 아이들의 아픈 절규일 수 있습니다.

아이들은 저마다 키도 다르고 꿈도 다르고 적성도 다른 것이 당연합니다. 일방적인 잣대를 들이대 억압하려 하지 말고 아이를 있는 그대로 인정해주는 교육이 절실히 요구됩니다.

# 2



# 해답은
# '엄부자모'에
# 있다

자녀를 가슴으로 키우기 위해서는 부모의 진정한 역할에 대해 되돌아볼 필요가 있다. 그러기 위해서는 어머니가 어머니의 역할을 하고, 아버지가 아버지의 역할에 충실할 수 있어야 한다. '엄부자모'라는 우리의 전통 가치관은 얼핏 보기엔 케케묵은 것으로 보일지 모르나, 자녀교육에 있어서 아버지와 어머니가 각각의 역할을 충실히 수행해야 한다는 놀라운 가치관을 담고 있다. 아버지의 이성과 어머니의 감성으로 자녀의 인성을 균형 있게 성장할 수 있도록 해야 한다.

**07**

# 왜 어머니의 자애로움과
# 아버지의 권위가 필요한가?

## 부모의 역할이 상호조화를 이룬다

아이들이 어릴 때부터 겪는 부모와의 관계에 따라 그 아이의 평생에 걸친 인성과 대인관계가 영향을 받는다는 것을 누구나 알고 있을 것입니다.

아이를 키우는 데 있어 특히 어머니의 역할이 중요하다는 것은 모든 이에게 잘 알려져 있습니다. 태교 때 무엇을 해야 하는지, 출산과 수유기 그리고 영유아 때 어머니가 어떻게 하느냐에 따라 아이가 신체적, 정서적인 면에서 절대적인 영향을 받는다는 것에 대해서도 굳이 아이를 키워보지 않은 이들도 어느 정도는 상식으로 여길 것입니다.

그런데 아이 양육에 있어서 어머니의 영향력이 절대적으로 중요하다는 것을 당연시해온 것에 비해, 그동안 우리의 가정교육에 있어서 아버지의 역할은 상대적으로 무시되거나 간과된 경향이 있었습니다.

실제로 어머니는 자녀교육의 직접적 전담자이고 아버지는 간접적인 주변의 존재로 물러나 있는 경우가 상당히 많았습니다. 양육은 물론이고 교육에 있어서도 자녀의 모든 것을 장악하는 쪽이 어머니인 가정이 압도적으로 많은 것이 현실입니다. 어떤 책을 읽힐 것인지, 어떤 교육기관과 어떤 학교를 선택할 것인지, 거기에 보내기 위해 무엇을 준비시키고 얼마를 투자해야 하는지를 거의 어머니가 결정하는 것입니다.


## 아버지는 돈 벌어오는 아저씨가 아니다


그에 비해 아버지는 결정권을 어머니에게 맡기고 가정의 경제적인 부분만 담당하곤 합니다.

경우에 따라서는 아버지의 가장으로서의 권위나 역할이 축소되어 그 지위가 상실된 채 단순히 아이들의 손님 같은 위치로 전락하는 경우도 있습니다.

바쁜 직장 일에 쫓겨 휴일에도 자녀들과 함께 시간을 보내지 못하는 가정의 경우, 자녀들은 아버지를 점점 낯설고 먼 존재로 인식합니다. 아버지가 그저 '돈 벌어오는 기계' 나 다름없어지는 것입니다.

하지만 가장 이상적인 가정교육은 어머니와 아버지의 상호 조화 속에 완성됩니다. 어머니의 생물학적 양육, 그리고 애정과 자애로움에 기반을 둔 정서적 교육도 물론 중요하지만, 확고한 교육관을 지닌 아버지의 합리적이고 이성적 교육도 매우 중요합니다.

아버지란 가정의 경제적 책임을 지는 위치도 중요하지만 자녀교육에 있어서도 필요한 지식과 기능을 가지고 어머니가 못 미치는 영역의 지도를 담당할 수 있어야 합니다.

이 세상이 남성과 여성이 조화를 이루며 발전하듯이 아이 양육에 있어서도 아버지와 어머니의 서로 다른 성향이 균형 있게 조화를 이루어야 하는 것입니다.

 

# 08

# 어머니의 뇌와 아버지의 뇌는 구조가 다르다

## 어머니는 공감의 뇌, 아버지는 판단의 뇌

아기가 태어났을 때 어머니와 아버지가 어떤 행동 패턴을 보이는지에 대해 관찰, 연구한 결과가 있습니다. 그 결과에 의하면 어머니는 주로 언어를 통한 상호작용을 많이 하고, 아버지는 행동을 통한 상호작용을 많이 한다고 합니다.

즉 어머니는 아기가 아직 말을 할 줄 모르더라도 계속해서 대화를 하려하고 언어적 자극을 많이 주려 합니다. 그에 비해 아버지는 아기를 안거나 들어 올리는 등의 역동적인 움직임과 신체 접촉을 통한 교류를 좀 더 능동적으로 시도한다는 것입니다.

이처럼 갓 태어난 아기를 접할 때조차도 어머니의 육아 방식과 아버지의 육아 방식은 미묘하게 차이를 보입니다.

그런데 아버지의 육아와 어머니의 육아 방식이 다를 수밖에 없는 것은 아버지의 뇌와 어머니의 뇌, 즉 남녀의 두뇌작용이 다르기 때문입니다.

일반적으로 여성은 상황을 감성적으로 판단하고 남성은 분석적으로 판단하는 경향이 있는데 이것이 육아에도 그대로 반영되는 것입니다. 어머니의 뇌는 아이의 감정과 정서를 이해하는 공감능력이 더 뛰어나고, 아버지의 뇌는 아이가 처한 전후좌우 상황을 판단하여 문제를 해결하는 능력이 더 뛰어납니다.남녀의 두뇌 기능의 차이가 가장 극명하게 대비되어 드러나는 분야가 바로 언어적 분야일 것입니다. 대개 여성들의 언어구사능력이 남성보다 뛰어난 경우가 많은 것이 바로 남녀의 뇌기능의 차이 때문입니다.

뇌 과학자들의 연구에 따르면 여성들은 말을 할 때 좌반구와 우반구가 모두 활성화되어 좌뇌와 우뇌를 모두 사용하는 반면 남성들은 좌반구만 활성화됩니다.

특히 여성들은 좌뇌와 우뇌 사이의 정보 전달 기능이 남성보다 높기 때문에 언어구사나 의사소통능력, 그리고 여러 가지 일을 동시에 해내는 멀티태스킹 능력이 더 우월합니다. 예를 들어 어머니들은 아이를 돌보면서 동시에 TV드라마도 보면서 가족들과 이야기도 나눌 수 있는 반면, 아버지는 아이를 돌볼 때는 오직 아이만 돌보는 한 가지 일에만 집중하고 그 외에 TV를 보거나 아내와 이야기를 나누는 것은 어렵게 느끼는 것입니다.


## 교육방식이 다른 것이 당연하다


이처럼 아버지의 뇌와 어머니의 뇌가 서로 다르기 때문에 육아에 있어서도 아버지의 방식과 어머니의 방식이 꼭 같을 필요는 없습니다.

아이가 밖에서 놀다가 넘어져서 무릎이 까진 채 울면서 들어오는 경우를 떠올려 보면, 어머니들은 우선 아이를 달래려고 하면서 아이가 다친 것에 대해 감정적인 공감을 먼저 하려 들 것입니다. 반면 아버지는 아이가 왜 다쳤는지 원인을 먼저 파악하려 하고 상처를 치료하기 위해 무엇을 어떻게 해야 하는지 문제해결을 하려 드는 경향이 있습니다.

결과적으로 아버지의 양육 태도가 어머니에 비해 좀 더 논리적이고 객관적인 면이 있습니다. 어머니의 교육방식과는 다른 스타일이라고 할 수도 있겠지만, 아버지의 뇌와 어머니의 뇌가 각각 다른 영역에서 장점을 발휘하는 것이라고 볼 수 있습니다.

다양한 임상 연구 결과에 따르면 어릴 때부터 아버지가 양육에 적극 참여한 가정의 아이들일수록 좌뇌가 발달하여 이성과 논리성, 수리능력, 사회성 향상에 큰 영향을 끼친다고 합니다. 앞서 예로 든 것처럼 밖에서 놀다가 다쳤을 때 어머니가 아이의 감정을 치유하는 데 더 신경 쓴다면 아버지의 냉철하고 객관적인 시각은 아이로 하여금 다음에 같은 실수를 저지르지 않도록 하는 객관성을 키워주는 것입니다.

또한 남자아이의 경우 아버지를 통해 남성성을 배우고 남자로서의 역할모델을 습득하게 됩니다. 여자아이의 경우에는 아버지라는 생애 최초의 남성모델을 통해 사회에서 필요한 여성성을 자연스럽게 터득합니다.

어린 시절부터 아버지와 안정적인 상호관계를 맺어온 딸아이일수록 성인이 되어 이성교제를 하고 남편을 선택할 때 보다 더 성숙한 판단을 하고 원만한 관계를 형성할 수 있습니다. 아들의 경우에도 아버지를 통해 건강한 남성성을 습득한 아이가 원만하고 성숙한 성인으로 자라납니다.

그렇기 때문에 어머니만 양육과 교육을 전적으로 담당하는 것보다, 아버지도 양육에 적극적으로 참여할수록 아이가 더욱 더 균형 있게

    황금률 교육법 2  해답은 '엄부자모'에 있다

성장할 수 있는 것입니다. 어머니에게서 감성과 정서를 배운다면 아버지에게서는 논리성, 객관성, 사회성을 더 많이 배울 수 있기 때문입니다.

**09**

# 아버지의 권위는
# 살아있어야 한다

## 아버지도 자녀교육의 주관을 가져야 하는 이유는?

우리의 전통적인 가족제도에서 속 깊은 은근한 사랑과 엄격한 권위로 자녀교육에 절대적 영향력을 발휘했던 아버지의 모습은 찾아보기 힘들게 되었습니다. 엄한 아버지의 권위와 훈육을 구시대의 낡은 유물로 치부하고 내팽개쳐야 된다고 생각하는 것은, 어머니만이 교육을 담당해야 한다고 생각하는 것만큼이나 편파적인 사고방식일 수 있습니다.

물론 가부장적이거나 차별적, 폭력적인 아버지상은 지양되어야 하는 구시대의 유물인 것이 맞습니다. 여기에서 강조하고자 하는 아버지의 권위란 강압적이고 일방적인 권위를 이야기하는 것이 아닙니다.

가정교육에 있어서는 어머니의 훈육이 기본적으로 중요합니다. 그런데 어머니의 주된 역할은 아이들에게 생물학적인 사랑을 충분히 쏟는 것과 인간으로서의 필요한 기본 습관을 익히는 데 상당 부분 치중해 있습니다. 태어나는 순간부터 먹고 배설하고 생활 습관을 익히는 등의 생물학적인 영역에 있어서 어머니가 좀 더 직접적인 영향을 끼치고, 주로 감성적이고 감정적인 영향력을 줍니다.

이에 비해 아버지는 좀 더 객관적이고 이성적인 영역을 발달시켜 줍니다. 좀 더 전반적인 삶의 기반과 기초를 닦아주는 데 있어서 영향을 끼치는 것입니다.

아버지가 뚜렷한 의식과 주관을 갖고 자녀교육에 적극 참여할수록 자녀들은 사회적인 리더십을 갖춘 인재로 자라납니다. 특히 심리적으로 아버지가 자녀들과 함께 지내면서 보여주는 동일시의 모델로서의 역할이 매우 중요합니다.

아들이 아버지를 보면서 남성성을 직접 배운다면, 딸은 아버지와의 상호작용을 통해 간접적으로 여성성을 배웁니다. 딸이 아버지를 통해 여성다움을 배우고 아들이 남성다움을 배워갈 수 있는 아버지의 역할은 어머니만으로는 해내기 어려운 영역이기도 합니다.

## 아버지와 어머니의 역할론

예전에 비해 요즘의 아버지들은 육아와 교육에 적극 참여하는 편입니다. 주말에는 아버지가 육아를 전담하는 경우도 종종 볼 수 있습니다. 그러나 아버지의 참여가 강요에 의해 어쩔 수 없이 이루어지는 것이라면 그 아버지는 어머니의 대역을 할 뿐입니다.

아버지는 아버지만의 역할과 권위가 있어야 합니다. 그동안 아버지들은 아이 육아에 참여하기는커녕 아이들이 커갈수록 관계가 소원해지는 경우가 많았습니다. 그런 경우 이미 서먹해지고 멀어진 자녀들과 갑자기 친해지려 하다 보니 아이들의 요구를 무조건 들어주기만 하면 되는 줄 아는 아버지도 있습니다.

그러나 이것을 진정한 아버지의 역할이라고 하기는 어렵습니다. 응석을 들어주는 '손님'으로 머무르다 보면, 자녀들을 올바르게 훈육하고 지도하는 든든한 부성성을 회복하기 어렵기 때문입니다.

자녀교육면에서 아버지와 어머니의 역할 관계는 상호보완적이어야 합니다. 자녀에 대해 어머니는 자칫 맹목적이고 감정적이 되기 쉬운 데 비해, 아버지는 좀 더 객관적이고 냉정한 판단을 내릴 수 있습니다. 어머니와 똑같은 역할을 하는 또 한 사람이 존재하는 것보다는, 어머니의 부족함을 메워 상호보완적인 역할을 해줄 수 있는 아버지가 존재하는 것이 가정교육의 균형을 바로 잡아줍니다.

아버지라는 존재는 한 가정의 가장으로서 건전한 인생관과 가치관을 가지고 자녀들과 소통하며 어른으로서 역할모델이 될 수 있는, 어머니와 동등한 위치에 있는 양육자가 될 수 있어야 합니다.

먼 장래에 대한 전망을 갖고 인생의 선배로서 삶의 방식 그 자체에 대한 기초를 닦아 주는 것이 아버지의 역할이자 권위입니다.

언제나 대화할 수 있는 아버지, 자녀의 이야기를 관심 있게 들어주고 공감해주고 인생의 귀중한 가치들을 친절하게 가르쳐주며 함께 교감하는 시간을 가져주는 아버지가 존재할 때 아이는 행복하고 훌륭하게 자랍니다. 이것이 바로 21세기에 요구되는 아버지의 진정한 권위입니다.

**10**

# 아버지의 역할은
# 따로 있다

## 이젠, 아버지 본연의 위치로 돌아가기

최근 아버지들의 육아 참여가 하나의 사회적 트렌드로 여겨지는 것을 볼 수 있습니다. 가정에서 부모의 역할이 균형 잡힌 쪽으로 개선되고 있는 추세라는 점에서 바람직한 사회현상이라 할 수 있을 것입니다.

자녀교육은 어머니가 전담해야 하고 아버지는 간접적인 역할만 해도 된다는 사고방식은 어찌 보면 20세기의 사회구조에서 기인한 것이기도 합니다. 주로 아버지가 가정 경제를 책임지고 전업주부인 어머니가 아이 양육을 담당하는 구조였기 때문입니다.

사실 요즘 젊은 아버지들의 부모 세대만 하더라도 자녀에게 자기



황금률 교육법 2  해답은 '엄부자모'에 있다

마음을 드러내 놓고 표현하지 못하는 세대였습니다. 표현하고 싶어도 어떻게 해야 하는지 알지 못했습니다. 아버지란 존재는 으레 무뚝뚝하고 어려운 어른이었으며, 가장으로서 그저 밖에서 일하고 밤늦게 들어와 가까이 다가가기조차 쉽지 않은 존재였습니다.

그런 가정교육을 받은 아이들이 이제 지금의 젊은 아버지들이 되었습니다. 그래서 자신의 아이를 어떻게 양육해야 하고 어떻게 표현해야 하는지 막막해 하거나 두려워하는 것이 어찌 보면 당연한 일일지도 모릅니다. 하지만 우리나라 전통사회에서도 자녀교육에 있어서 아버지만의 절대적인 영역이 있었습니다. '엄부자모' 라는 말도 알고 보면 부모의 상호보완적인 역할이 자녀교육에 중요하다는 의미를 담고 있는 의미심장한 교육철학입니다.

아버지가 아이 양육에 참여하지 않거나 어머니에게 맡기고 방관한 경우, 아이가 느끼는 아버지와의 친밀감 부족은 평생에 걸쳐 영향을 끼치게 됩니다. 따라서 21세기의 아버지들은 그저 경제적 책임자나 양육의 보조자에 머무르는 것이 아니라 어머니와 함께 아이를 직접 키우고 가르치는 아버지 본연의 역할로 돌아가야 합니다.

## 부성도 노력으로 배우고 익히는 것이다

아버지 양육 시대라고는 하지만 아직까지 많은 아버지들이 아이 양육과 교육에 대해 자신 없어 합니다. 양육은 모성본능에 의한 어머니의 영역이며 아버지는 어머니의 능력을 타고 나지 않았다고 생각하는 경우가 대부분입니다.

하지만 모성이라는 것도 어머니의 노력에 의해 배우고 익혀가는 것이듯, 부성도 아버지 자신의 의지에 의해 공부하고 익힘으로써 배워나가는 것입니다. 대개 어머니가 아이를 더 잘 알고 양육 능력이 아버지보다 더 나은 것처럼 보이지만, 그것도 알고 보면 처음부터 저절로 갖춰진 능력이라기보다는 아이와 함께 있었던 시간이 아버지보다 더 길고 그만큼 더 시행착오하며 노력하는 눈물겨운 시간이 있었기 때문입니다.

때문에 아이가 태어나면 처음부터 아버지도 아기를 안아주고, 분유를 먹이고, 기저귀를 갈아주고, 목욕을 시키는 등의 기본적인 육아를 어머니와 동등하게 분담하여 참여하는 것이 좋습니다. 비록 처음에는 서툴고 실수도 하겠지만 서툰 것은 어머니들도 마찬가지임을 알아야 합니다. 아버지가 양육을 위해 노력한 만큼 아이와의 친밀감이 높아지고 감정 교류의 폭이 넓어질 것입니다.

## 아버지의 역할이 있다

아버지와 충분히 교감하며 성장한 아이들은 그렇지 않은 아이들에 비해 사고방식의 폭과 틀이 넓고 유연한 경향이 있습니다. 수차례의 임상 연구 결과를 보아도 아버지가 양육에 적극 참여한 가정의 아이들은 인격과 인성 형성 및 좌뇌, 우뇌의 고른 발달에 있어서 훨씬 우월하다고 합니다.

물론 처음에는 서툴고 자신 없다는 생각 때문에 아이에게서 한 발 뒤로 물러서고 싶을지도 모릅니다. 하지만 아버지가 어머니와 똑같은 방식으로 육아와 교육을 할 필요는 없습니다. 어머니에게 어머니의 방식이 있듯이 아버지에겐 아버지의 방식이 있으면 되는 것입니다.

아이들은 그저 아버지가 곁에 있어주거나 함께 시간을 보내는 것만으로도 정서적 충만함을 느낀다고 합니다. 함께 시간을 보내고 아이를 이해해주는 것에서 이미 아버지의 양육은 시작된다는 뜻입니다.

영유아기 때부터 취학 전인 6세 이전까지 아이의 정서 함양과 인격 형성에 있어서 어머니의 역할도 중요하지만 아버지가 육아에 적극 참여한 경우 아이는 훨씬 더 균형 잡힌 시각과 인격을 형성할 수 있게 됩니다. 그래서 요즘의 많은 교육 전문가들이 어머니를 대체할 수 없는 아버지만의 고유 역할이 있다고 주장하는 것입니다.

아버지의 자녀 양육을 거창하거나 어렵게 받아들일 필요는 없습니다. 하루 한 번 이상 아이를 안아주고 아이와 이야기하려 노력하는 것에서 변화는 이미 시작됩니다.

# 꼭* 짚고나가기

## [ 1. '아버지 효과' 에 주목하자 ]

'아버지 효과(Father Effect)' 란 미국의 발달심리학자 로스 D.파크가 〈아버지만이 줄 수 있는 것이 따로 있다(원제:Fatherhood)〉를 통해 주장한 아버지의 고유한 역할에 대한 이론입니다.

자녀 양육을 거의 전적으로 어머니가 담당하고 아버지는 경제력을 담당하며 자녀에 대해서는 방관자적 위치에 있었던 것은 서구사회에서도 마찬가지였습니다. 그런데 그는 자녀 양육에 있어서 아버지가 더 이상 방관자가 되어서는 안 된다고 이야기했습니다.

심리학자 및 여러 분야 학자들이 20년 이상에 걸쳐 수많은 사례와 통계를 연구한 결과, 아버지는 자녀의 성장발달에 있어서 어머니와는 또 다른 중요하고도 독특한 역할을 수행하고 있음이 밝혀졌습니다. 영국과 미국에서 실시한 추적 연구 결과를 살펴보아도, 어릴 때부터 아버지가 자녀교육에 적극 참여한 가정의 아이들일수록 사회적으로 성공하고 대인관계도 원만하며 사회성, 진취성, 적극성을 높이 띤다고 합니다.

이러한 연구 결과를 바탕으로 자녀의 발달 심리적 성장에 아버지가 끼치는 영향력을 '아버지 효과(Father Effect)' 라는 말로 개념화한 것입니다.

로스 파크의 주장에 따르면 아버지의 역할은 아이가 태어나기 전부터 이미 시작된다고 합니다. 아내가 임신하고 있는 동안 남편에게도 심리적 변화가 일어나며, 아버지가 되기 위한 심리적 조정 단계를 거칩니다. 아이가 태어나 성장하면서부터는 아버지의 역할이 더욱 중요해집니다. 아버지의 적극적인 양육 참여는 자녀들의 인성발달과 지적 성장에 큰 영향을 끼치며, 딸에게 끼치는 영향과 아들에게 끼치는 영향도 서로 상이합니다.

아이의 성장 발달에 있어서 아버지만의 고유한 영향력이 있다는 주장은 서양에서 큰 반향을 일으켰으며 서구권 부모들의 양육 문화에 많은 변화를 일으켰습니다. 그리고 이러한 흐름은 최근 우리나라에서도 젊은 부모들을 통해 확산되어, 과거 가부장적인 가정에서 방관자적 위치에 머물렀던 아버지의 역할과 위상을 새로이 되살리는 문화가 확산되고 있습니다.


## [2. '부성실조현상' 이란?]

'부성실조' 란 자녀교육에 있어서의 아버지의 교육적 기능과 환경의 필요성을 의미하는 교육 용어의 하나입니다. 즉 가정에서 아버지가 존재하지 않거나 혹은 오랫동안 떨어져 살 경우를 뜻합니다. 아버지가 없는 경우뿐만 아니라, 아버지가 있어도 아버지로서의 역할을 제대로 수행하지 못하는 포괄적인 의미를 담고 있습니다.

다시 말해 부성실조현상이란 아버지로부터 받아야 할 부성애와 지도가 결핍되어 결과적으로 자녀의 지적, 정서적, 사회적 발달에 여러 가지 장애를 주는 부적합한 환경을 의미합니다. 대개의 부성실조 문제는 부모의 이혼이나 별거, 부친의 사망 등에서 나타나는 부적절한 아버지상에서 야기됩니다.

그러나 그보다 더 큰 문제는 아버지가 자녀 양육과 지도에 무관심하여 아무런 힘을 발휘하지 못하거나, 아버지의 이미지가 자녀와 가족에게 거부감을 주거나 심지어 공포의 대상이 될 때도 나타납니다. 이러한 부성실조 현상은 아이들의 사회적 발달뿐 아니라 부모에 대한 태도 및 가치관 형성에도 큰 영향을 준다는 것이 교육전문가들의 주장입니다.

여러 연구들에서 어머니가 없이 자라는 모성실조 아이와 아버지가 없이 자라는 부성실조 아이들을 놓고 각종 사회 범죄율을 비교한 결과, 부성실조 가정에서 자란 아이들이 더 높은 범죄율을 나타냈다고 보고한 바 있습니다. 이는 가정교육에 있어 아버지의 존재가 양육과 교육의 후원자나 보조자가 아니라 아이들의 정서적, 사회적 덕목을 직접적으로 가르치는 존재여야 함을 시사하고 있습니다.


## [3. 자녀에게 꼭 필요한 부모상이란]

### 아버지상

- 올바른 가치관을 심어주는 아버지

- 부드럽지만 무게 있고 때에 따라서는 엄한 아버지

- 깊은 사랑을 간직한 아버지

- 자녀를 믿어주는 아버지

- 가족과 함께 여가를 즐기는 아버지

- 자녀를 이해하고 함께 대화하는 아버지

- 이해심 많고 너그러운 아버지

- 부지런하고 가정적인 아버지

- 땀 흘려 일하는 것을 보람과 긍지로 아는 아버지

- 선생님을 존경하고 학교를 신뢰하는 아버지

- 미래를 내다보는 아버지

- 자녀의 능력과 적성을 파악하여 진로를 선택할 수 있는 용기를 주는 아버지


## 어머니상

- 자신감을 심어주는 어머니

- 자녀를 이해하는 어머니

- 먼저 대화를 시도하는 어머니

- 자녀의 특성을 알고 다른 아이들과 비교하지 않는 어머니

- 자녀의 인격을 존중하는 어머니

- 점수에 집착하지 않는 어머니

- 자녀를 믿고 자유를 주는 어머니

- 자녀와의 약속을 지키는 어머니

- 아버지의 권위를 인정하는 어머니

- 일관성 있는 교육관을 지닌 어머니

- 올바른 가치관을 심어주는 어머니

- 감정에 치우치지 않고 매사를 차분하게 처리하는 어머니

- 자녀의 능력과 적성을 고려하여 진로의 방향을 제시해 주는 어머니

# 3



# 부모도 미처 몰랐던
# 아이의 무한한 능력을
# 찾는 방법은

많은 부모들이 아이를 '백지'로 보고, 무엇을 가르쳐서

어떻게 영재로 만들 수 있을 것인지에 대해 고민한다.

하지만 모든 아이들은 이미 무한한 잠재력을 지닌 천재이자 영재, 창의적인 인재로 태어났다.

무심코 지나칠 수 있는 어린 아이들의 이러한 특성을 알아두고

그 아이만의 천재성이 사장되지 않도록 도와주어야 할 것이다.

# 11

# 아이들은 이미
# 창의적 인재로 태어났다

## 아이들의 사고능력

"어머, 어쩜 이런 생각을 다 했지?"

"누가 가르쳐준 적도 없는데 어떻게 이런 기발한 표현을 할 수가 있을까?"

"오! 이런 식으로 생각할 수도 있는 거구나!"

아이를 키워본 부모들은 누구나 경험했을 것입니다. 아이들의 창의성이 얼마나 놀라운지를 말입니다.

우리의 아이들은 어른들이 상상도 하지 못할 기발한 방식으로 생각하고, 어른의 사고방식으로는 떠올리지도 못할 새로운 것을 시도합니다. 어른의 상식으로는 말도 안 된다고 여겼던 것을 아무렇지 않게 해보려 합니다. 또한 어른들의 머리로는 도저히 불가능할 것 같은 기발한 표현을 천진난만하게 이야기하곤 합니다.

누구나 한때는 아이였을 때가 있었습니다. 하지만 어른이 되고 나서는 아이였을 때의 타고난 창의력을 잃어버린 채 아이들의 생각과 표현에 감탄하게 됩니다.

어쩌면 세상 모든 아이들은 이미 그 자체로 놀라운 철학자이자 천재 발명가, 시인이나 다름없는지도 모르겠습니다. 어른이 강요하는 선입견과 잘못된 교육이 주입되기 전까지는 말입니다.


## 아이의 경쟁력은 창의성에 있다

"어떻게 하면 아이를 잘 키울 수 있을까요?"
"어떤 부모가 훌륭한 부모일까요?"
"어떤 교육을 시켜주는 것이 아이를 위한 가장 좋은 길일까요?"
시대가 바뀌어도 이 질문들만큼은 세상 모든 부모들의 영원한 고민일 것입니다.

날이 갈수록 극심해져 가는 사교육 열풍과 입시경쟁 속에 오늘도 많은 아이들이 지쳐가고 있지만, 어쩌면 부모들도 머릿속으로 알고는 있을 것입니다. 내 아이만큼은 부모 세대처럼 천편일률적인 주입식 교육에 찌든 아이가 아니라 남다른 능력을 지닌 창의력 있는 인재가 되었으면 좋겠다는 것을 말입니다.

예전의 부모들이 그저 아이가 좋은 성적을 받기만을 원했다면 요즘의 부모들은 아이가 공부도 공부지만 미래사회가 필요로 하는 특별한 인재가 되기를 원하는 경향이 있습니다. 그래서 아이를 잘 키운다는 것, 즉 바람직한 교육을 시킨다는 것은 그 아이만의 타고난 개성과 창의성이 맘껏 날개를 펼치도록 도와준다는 것과 같은 뜻이기도 합니다.

과거 한국 사회는 아이들에게 1등이 되어야 한다고 가르쳤습니다. 전 과목에서 100점을 받고 전교 1등을 하고 명문대학의 최고 학과에 들어가는 것만이 교육의 궁극적 목적인 것처럼 여겨지는 듯했습니다. 하지만 세상을 바꾸고 사회를 움직이는 21세기형 인재가 반드시 전 과목에서 만점을 받는 우등생형 인재는 아니라는 것이 여러 분야에서 증명되고 있습니다.

21세기의 사회는 모든 것을 전부 우수하게 잘하는 사람보다는 그 사람만의 독특한 재능을 제대로 발휘하는 사람이 진정한 인재로 인정받는 사회입니다. 이미 그러한 시대로 바뀌고 있고 앞으로 우리 아이들이 살아갈 세상은 더더욱 그러할 것입니다.

  황금률 교육법 3  부모도 미처 몰랐던 아이의 무한한 능력을 찾는 방법은

## 내 아이에게도 특별함이 있다

과거의 한국식 교육은 정해진 틀 안에서 일방적으로 암기와 반복을 강조하는 주입식 교육이었습니다. 모든 아이들에게 개성 있는 인재가 아닌 '모범생' 혹은 '우등생'이 될 것을 요구했습니다. 그러나 이러한 교육으로는 미래사회가 요구하는 인재를 키워내기 어렵습니다.

이제는 고정관념의 틀을 깨고 나오는 사람이 각광받는 시대입니다. 기존의 시스템 안에 갇히는 사람이 아니라 새로운 자기만의 시스템을 만들 수 있는 사람이 더 인정받고 있습니다. 모든 어린 아이들이 기발한 사고방식과 표현법으로 어른들을 깜짝 놀라게 하는 시기가 있듯이, 기성세대의 굳어진 고정관념을 깰 줄 아는 자유로움과 개성이 요구됩니다.

그러한 인재를 키워내기 위해서는 부모들 자신부터 교육에 대한 고정관념의 틀을 깰 필요가 있습니다. '내 아이가 얼마나 우수한가?' 가 아니라 '내 아이가 얼마나 특별한가?' 를 먼저 생각해야 할 것입니다. 아이의 자유로운 사고체계를 장려해주고 상상력을 확장시켜줄 수 있어야 할 것입니다.

공부를 잘하는 것이 아무 소용없다는 뜻이 아닙니다. 학교 공부를 잘하여 좋은 성적을 받는 것도 물론 훌륭한 재능입니다.

하지만 이 세상에는 전 과목 성적이 고루 우수한 아이도 있지만 한 과목을 특별히 잘하는 아이도 있습니다. 그림을 유난히 잘 그리는 아이도 있고, 기계 만지는 것을 즐거워하는 아이가 있는가 하면 몸을 움직이거나 스포츠 분야에 재능을 보이는 아이도 있습니다. 모든 과목을 잘하는 아이도 있겠지만 한 과목만 잘하는 아이라고 해서 능력이 부족하거나 열등한 아이는 절대 아닙니다.

아이들은 어른이 굳이 시키지 않더라도 새로운 것을 늘 탐구하려고 합니다. 새로운 방식을 적용해보려 하고, 상식이라고 알려지지 않은 것도 해보려 합니다. 그런 과정 속에서 그 아이만의 개성이 드러나고 특별함이 발견될 것입니다.

내 아이만의 특별함과 개성을 발견하는 것은 부모만이 할 수 있는 몫입니다. 그리고 아이의 개성을 장려하고 도와주는 것이 교육의 진정한 역할일 것입니다.

# 12

# 영유아에게서 발견되는
# 놀라운 천재성

## 아이들의 경이로운 두뇌발달과정은?

아이가 돌이 지나면서부터 유아기에 이르기까지 대다수의 부모들은 하루하루 환상에 빠져들곤 합니다.

"어떻게 이렇게 정확하게 발음을 할 수가 있지? 이 말은 내가 안 가르쳐준 것 같은데 언제 배웠지? 어떻게 이런 신기한 생각을 해낼 수가 있을까? 우리 애, 혹시 천재 아니야?"

하루하루 성장하고 달라지는 아이의 모습이 부모가 보기엔 그저 경이롭고 신기하기만 합니다. 하루가 다르게 말문이 트여가는 매 순간은 물론이고, 아이가 세상 만물 모든 것에 호기심을 보이며 손을 뻗고 눈을 반짝이는 모습, 그리고 부모에게 던지는 기발한 질문과 말 한 마디까지, 기특한 것은 물론이고 그 시기의 발달과정 자체가 거대한 기적 같이 느껴지는 것입니다.

어쩌면 아이 키우는 부모에게는 가장 행복한 시기가 아닐까요? 있는 그대로 바라보는 것만으로도 내 아이의 잠재력과 가능성이 무한해 보이니 말입니다. 아이의 미래에 대해 무엇이든 꿈꿀 수 있는 시기도 이때가 아닌가 합니다.

이러한 환상은 알고 보면 그저 자식 사랑에 눈이 먼 부모들의 허황된 환상이라고만은 할 수 없습니다. 왜냐하면 인간의 두뇌가 급속하게 성장하고 발달하는 시기가 바로 이 영유아기에 집중되어 있기 때문입니다.

실제로 사람의 뇌는 태어나서 5세 무렵이 되면 뇌의 크기 자체가 성인의 뇌와 거의 같은 크기가 된다고 합니다. 그리고 인간의 평생에 걸친 두뇌 발달의 85퍼센트 이상이 바로 이 시기에 집중적으로 이루어진다고 합니다.

그렇기 때문에 영유아에서 유치원 시기까지의 아이를 키우는 부모들이 '우리 애가 천재가 아닐까?' 라는 환상을 품는 것도 무리가 아닙니다. 이 시기의 아이들은 정말로 누구나 놀라운 잠재력을 가지고 발달하고 있는 꼬마 천재들이라 해도 과언이 아닙니다.

## 영유아는 패턴인식능력을 갖고 있다

어른들 눈에 유아들의 인식능력이 신기하고 놀라워 보이는 이유 중 하나는 아이들이 지니고 있는 타고난 패턴인식능력 때문입니다.

이미 두뇌가 굳어진 어른들은 뭔가를 인식하거나 이해할 때 고정관념을 많이 개입시킵니다. 문자, 기호, 숫자로 먼저 식별을 하고 암기를 하려 드는 것입니다. 그런데 영유아들의 두뇌는 세상 만물을 복잡한 기호로 인식하거나 암기하려 하는 것이 아니라 아무 선입견 없이 있는 그대로 통째로 받아들입니다.

갓난아이가 다른 사람이 안으면 울다가 어머니가 안아주면 울음을 그치는 것도 아기가 어머니의 얼굴, 목소리, 체취, 품에 안겼을 때의 느낌을 통째로 패턴으로 인식하기 때문입니다. 아무것도 모를 것이라 여겨지는 아기조차도 이미 두뇌에서는 놀라운 인식작용이 끊임없이 일어나고 있는 것입니다.

갓 태어난 아기는 벌써 생후 1주일만 지나도 소리에 반응하여 몸을 움직일 수 있고, 두세 달쯤 되면 어머니의 음성을 식별합니다. 생후 3세 정도의 유아들은 생활 속에서 부모님이 자주 이야기한 일상 언어들을 거의 다 이해하고 기억합니다.

글자를 아직 익히지 않은 유아들이라 하더라도 사물의 형상, 문자의 모양과 색깔, 그림의 형태 등을 하나의 패턴으로 인식하는 능력을 지니고 있습니다. 그래서 한글 글자나 외국어 알파벳을 접할 때도, 심지어 복잡한 한자를 접했을 때조차도 하나의 그림처럼 받아들이고 흡수합니다. 이 시기의 아이들은 글자를 읽지 못한다 하더라도 부모님이 읽어준 이야기책의 스토리와 그림과 글씨의 형태를 하나의 패턴으로 연상하는 능력을 가지고 있습니다. 그래서 마치 자기 스스로 정말 책을 읽는 것처럼 부모님이 책 읽어주던 모습을 흉내를 내 보기도 합니다.

부모가 보기에는 귀엽고 신통하기만 한 이 모든 과정 속에서 아이의 두뇌는 하루가 다르게 발달할 뿐만 아니라 그 아이만의 독특한 창의력이 매 순간 발휘되고 있는 것입니다. 모국어가 아닌 외국어를 접할 때도 그것을 낯설고 어려운 언어로 인식하는 것이 아니라 있는 그대로 흡수합니다. 즉 학습이 아닌 '습득' 의 과정을 통해 새로운 지식을 순식간에 자기 것으로 만듭니다. 유치원에 다니는 어린 아이들이 비슷비슷해 보이는 장난감 시리즈의 명칭을 일일이 구분할 줄 안다든가 어른들도 외기 힘든 공룡 학명들을 술술 익히는 것도 같은 맥락이라 할 수 있습니다. 뭔가를 암기하는 것이 아니라 선입견 없이 통째로 인식하는 것이기에, 외국어뿐만 아니라 운동신경, 리듬과 소리에 대한 감각, 색채감각도 폭발적으로 발달합니다.

  황금률 교육법 3  부모도 미처 몰랐던 아이의 무한한 능력을 찾는 방법은

## 아이 두뇌의 잠재력을 일깨우자

이러한 놀라운 능력을 가진 아이들의 잠재력이 쇠퇴하기 시작하는 것은 잘못된 교육이 개입되어 그 틀 안에 아이를 가두면서부터입니다. 잘못된 교육이란 바로 아이의 잠재력을 발휘하지 못하도록 막는 교육을 뜻합니다.

20세기의 교육이 주로 지식을 외우고 정답을 많이 맞히는 데 주안점을 두었다면, 21세기의 교육은 지식과 정보를 많이 암기하는 것 자체는 그리 큰 의미가 없습니다. 정보기술이 비약적으로 발달하여 예전에 사람이 하던 일을 기계나 컴퓨터가 대신할 수 있게 되었기 때문입니다.

따라서 앞으로는 정보를 저장하고 외우는 능력보다는, 인간만이 발휘할 수 있는 창조력을 최대한 끌어내어 기존의 정보를 유연하게 활용하는 능력이 중요합니다. 교육도 그 부분에 초점을 맞추는 쪽으로 변화되어야 합니다. 학교 시험 점수만 높은 아이가 아니라 창의성과 직관력이 높고 융통성 있는 사고체계를 가진 인재를 키워내야 하는 이유입니다.

어릴 때부터 강요하는 암기 위주의 교육방식, 아이의 성장발달을 고려하지 않은 과도한 선행학습, 오직 입시만을 위한 주입식 교육은 우리 아이들이 태어나면서부터 가지고 있던 고유한 두뇌 잠재력을 영영 못쓰게 만드는 주된 요인입니다. 특히 영유아에서 유치원 시기는 뇌기능 발달, 인성, 성격 형성에 있어 평생에 걸친 결정적인 영향을 받는 시기입니다. 내 아이만의 잠재된 재능과 창의력과 의욕을 일깨워줄 것인가, 아니면 잠재력을 사장시킨 채 개성도 창의력도 없는 구세대 인재로 키울 것인가? 선택은 부모들에게 달렸습니다.

## 3~6세 유아들의 두뇌 발달을 위해 꼭 필요한 것은?

### ① 전두엽을 발달시키자

전두엽은 고도의 종합적인 사고 기능과 인간성, 도덕성, 종교성 등을 담당하는 부분입니다. 3~6세 시기에는 전두엽이 집중적으로 발달합니다. 따라서 이 시기에 인성교육이 제대로 이루어져야 성장한 후에도 예의바르고 인간성 좋은 아이가 될 수 있습니다.

### ② 이야기를 많이 듣고 읽게 하자

이야기를 들으면서 아이의 사고력은 쑥쑥 자랍니다. 이때 아이들의 상상력이나 생각이 엉뚱하거나 이치에 맞지 않는다 하여 야단치거나 비판해서는 안 됩니다. 어른의 사고방식으로 간섭을 하게 되면 표현력과 창의력을 꺾을 수 있으므로 아이 나름의 상상력을 마음껏 펼칠 수 있도록 북돋워 주어야 합니다.


### ③ 다양한 직접경험이 생각의 힘을 키워준다

종합적이고 창의적인 사고력을 키워주려면 아이는 되도록 많은 정보를 흡수해야 합니다. 아이가 가장 강하게 자극을 받는 방법은 직접경험입니다. 직접 느끼고 생각하는 과정에서 정보의 축적이 이루어지고 그 정보는 아이의 종합적인 사고력을 키우는 데 큰 힘이 됩니다.


### ④ 예절교육, 도덕교육을 시키자

정신분열 등의 정신질환이 있는 사람들은 주로 전두엽 기능에 이상이 생겼기 때문입니다. 이것은 전두엽의 중요한 기능 중 하나가 바로 인간성, 도덕성, 예절감각이라는 뜻입니다. 아이는 유아기 때부터 사회성이 발달하는데 이 시기에 남을 배려하고 양보하는 마음, 자신의 의사만 주장하지 않고 남의 이야기에도 귀 기울이는 습관을 키워줘야 성인이 되어서도 예절 바르고 인성이 좋은 사람으로 자랄 수 있습니다.

## 13

# 교육은 천재를 만드는 것이 아니라 천재성을 성장시키는 것이다

**슬기로운 부모는 기다리고 바라봐주는 부모다**

제 딸아이는 또래보다 이른 7살에 초등학교에 입학했습니다. 그때까지 저는 딸아이에게 한글을 가르치지 않았습니다. 그래도 아이가 미술을 좋아하다 보니 학교 가는 것이 즐거워 보였습니다.

입학한 지 얼마 안 된 어느 날 상담을 갔다가, 준비물인 색종이와 가위를 만지작거리며 기다리는 아이를 본 담임선생님께서 "그리기 만들기는 좋아하고 잘하는데 한글은 아직 잘 모르네요. 왜 한글을 가르치지 않으셨어요?"

그래서 저는 대답했습니다.

"아직 때가 되지 않은 것 같았어요. 이제 입학했으니 조금씩 가르칠

　황금률 교육법 3　부모도 미처 몰랐던 아이의 무한한 능력을 찾는 방법은

게요.”

그날 이후 틈틈이 집에서 글자를 가르치고 받아쓰기도 시켰습니다. 그랬더니 유치원 때는 어려워했던 한글을 아주 쉽게 익힐 뿐만 아니라 점점 공부에 흥미를 가지는 것이었습니다. 그때부터 공부가 재미있다고 하던 딸아이는 학년이 올라갈수록 성적이 조금씩 올라가더니 대학 다닐 때와 대학원 다닐 때는 장학금을 받고 지금도 평생 공부만 하고 살았으면 좋겠다고 할 정도로 학구적인 아이로 자랐습니다.

남들 시키는 선행학습은커녕 한글도 뒤늦게 가르쳤지만, 학습의 첫 경험이 즐거웠던 아이들은 커서 무엇이든 할 수 있다는 걸 제 아이를 보며 알게 되었습니다. 부모는 그저 때가 될 때까지 기다려주면 되는 것입니다.

이 세상 부모치고 자녀를 잘못 키우고 싶은 부모는 없을 것입니다. 문제는 부모가 자녀에게 갖는 기대감이 도를 넘어서거나 왜곡되는 경우가 많기 때문입니다.

겉으로 드러나는 성과만을 따져 아이에게 잘잘못을 묻고, 다른 집 아이와 비교하고, 부모가 설정한 외적인 기대에 부흥하도록 일방적으로 아이를 이끌고, 교육의 진정한 본질을 망각한 채 ‘아이를 위한 교육’ 이 아닌 ‘교육을 위한 아이’ 를 만들려고 안달할 때 아이들은 좌절하고 상처받습니다. 그때부터 교육은 아이의 재능과 가능성을 사장시키는 도구로 전락합니다.

슬기로운 부모는 부모 자신의 기대에 의해 아이를 끌고 가지 않습니다. 슬기로운 부모는 결과보다 과정을 바라봐주고, 내 아이만의 타고난 능력을 있는 그대로 볼 줄 아는 부모입니다. 남보다 조금 느리더라도 기다려줄 줄 알고, 남보다 빠르면 격려해주고 계속해서 잘 달릴 수 있도록 도와주는 부모가 지혜로운 부모입니다.

부모 자신의 욕심을 자녀가 따라오도록 종용하는 것이 아니라, 아이가 처음 옹알이를 하고 걸음마를 떼었을 때 박수치며 경이로워했던 그 마음처럼 아이의 앞으로의 가능성을 더 볼 줄 알아야 합니다.


## 교육의 본질로 되돌아가자


일본의 대표적 기업 '소니' 의 초대 회장이자 유아교육 전문가이기도 한 이부카 마사루는 이런 말을 했다고 합니다.

"교육의 유일한 목적은 유연한 두뇌와 튼튼한 몸을 가진 명랑하고 순수한 성격의 아이로 기르는 것입니다."

유연한 두뇌와 튼튼한 몸, 그리고 순수한 성격. 어쩌면 세상 모든 부모들이 자녀들에게 바라는 것, 혹은 바라야 하는 모든 것이 이 안에

담겨 있는 것이 아닐까요?

아이가 조금이라도 아프면 부모 가슴은 덜컥 내려앉습니다. 그리고 두 손 모아 간절히 바라게 됩니다. 어서 나아서 건강해지기를 말입니다. 그저 밥 잘 먹고 튼튼하기만 하다면 더 바랄 것이 없을 것 같은 마음을 부모라면 누구나 기억할 것입니다.

학교 공부를 잘 해서 좋은 대학에 가는 것도 좋겠지만, 내 아이가 단지 암기 잘하고 시험 답안 잘 써내는 공부기계로만 성장하는 것을 진정 바라는 부모는 드물 것입니다.

융통성 있고 유연하고 창의적인 인재로 자라나 사회에서 인정받고 자기만의 재능의 날개를 활짝 펼칠 수 있는 아이가 되기를 더 바랄 것입니다. 또한 홀로 외롭게 독주하고 타인의 고통을 아랑곳하지 않는 이기적인 사람이 아니라, 남을 배려할 줄 알고 주위 사람들과 어울리며 어느 자리에서든 환영받는 긍정적이고 인성 좋은 어른이 되기를 바랄 것입니다.

교육이란 본질적으로 이런 목적에 부합해야 합니다. 예를 들어 아이에게 좋은 음악을 들려주거나 새로운 노래를 가르쳐주거나 악기 연주를 시키는 근본적인 목적은 음악을 매개로 아이의 감수성과 창의성을 계발시키기 위해서입니다. 악기연주를 기계처럼 완벽하게 하도록 훈련을 시키거나 연주대회에서 1등을 하게 만들려는 것이 음악교육의 최종 목적이나 본질인 것처럼 되어서는 안 될 것입니다.

교육을 통해 아이 안의 타고난 감성과 소질을 일깨우고 계속해서 성장해 나가도록 도와주어야 한다는 것을 잊어서는 안 될 것입니다. 교육 자체가 목적인 것이 아니라, 교육이라는 수단을 통해 아이들이 원래부터 가지고 있던 천재성과 개성을 자연스럽게 끌어낼 수 있어야 합니다.


## 창의성은 행복 호르몬이 활성화될수록 발달된다


창의적인 사람은 자신의 분야에서, 그리고 자기 주변의 인간관계에서 '나에게 무엇이 필요한가?' 가 아니라 '상대방에게 무엇이 필요한가?' 에 대해 끊임없이 탐구하는 사람이라고 합니다. 이러한 사고방식을 가진 사람들에게는 자기 앞의 세상을 바꿀 수 있는 무한한 가능성이 내재되어 있습니다.

'세상을 움직일 수 있는 인재' 가 지닌 창의성은 그저 지능이 높거나 단기간에 시험공부를 많이 해서 높은 점수를 따는 데서 싹트는 것은 아닙니다. 21세기를 살아가는 데 필요한 창의성은 어려서부터 차근차근 머리로, 마음으로, 몸으로 익히는 데서 나옵니다.

 

남이 생각하지 못하는 것을 해내는 폭발적인 창조력은 인간에게 행복감과 성취감, 활력을 주는 호르몬인 세로토닌, 도파민 분비와 밀접한 연관이 있습니다. 이러한 호르몬이 적절히 분비될 때 사람은 뭔가를 위해 의욕적으로 도전하고 창조하고 노력하게 되는데, 어려서부터 부모와 주변 사람의 격려와 칭찬을 많이 받고 자란 사람일수록 뇌 속의 행복 호르몬도 활성화됩니다.

아이들은 쉽게 싫증을 잘 내기도 하지만 스스로 호기심이 가는 것에 대해서는 어른도 깜짝 놀랄 정도로 집중합니다. 교육이란 아이들의 이러한 호기심과 흥미를 가로막는 것이 아니라 장려해주고 키워주는 역할을 할 수 있어야 합니다. 즉 아이 두뇌의 행복 호르몬을 활성화시킬 수 있는 것이 교육이 되어야 합니다.

이미 천재성과 창의성을 타고 난 아이들의 재능이 가로막히지 않고 마음껏 발휘될 수 있도록 우리 부모들이 도와줘야 할 것입니다.

# 꼭*
## 짚고나가기

## [ 1. "저를 남과 다른 아이로 자라게 해 주세요." ]

아빠, 엄마!

제가 나이에 비해 말과 행동이 성숙하고, 읽고 쓰고 셈하는 것을 잘 해내고 있으니 영재나 천재가 아닐까, 하고 생각하시는군요.

제가 머리를 써서 하는 활동을 잘 해낸다고 생각되실 때, 제 운동기능이 제대로 발달하고 있는지, 친구관계는 어떤지, 제 감정 상태는 어떠한지 세심히 살펴봐 주세요. 지능이 높아 머리가 좋은 것은 '전체의 나' 중 한 부분에 지나지 않기 때문에 이것만 가지고서는 제가 행복한 사람이 될 수 없답니다. 제 자신의 몸, 감정, 도덕성, 예술성, 사회성과 아울러 모든 것이 잘 발달되어야 제대로 된 인격체로 성장하게 된답니다.

그런데 요즘 제 마음상태는 뒤죽박죽 아주 엉망이에요. 엄마는 제 머리가 좋아지는 것, 그리고 기능적인 훈련에만 온통 신경을 쓰시며 남보다 뛰어난 아이, 남보다 우수한 아이로 만들기에 전력을 다하시는군요. 그러다 보니 제 정서 상태는 말이 아니에요. 조금만 무엇이 마음대로 안 돼도 울고, 짜증내고, 우물쭈물하고, 싸우고 공격하며 바람직하지 않은 행동만 하게 된답니다.

   황금률 교육법 3   부모도 미처 몰랐던 아이의 무한한 능력을 찾는 방법은

아빠, 엄마!

제가 남보다 뛰어난 아이가 되기보다는 남다른 아이로 자랄 수 있도록 해주세요.

그러려면 저를 친구들이나 형제들 사이에서 능력별로 비교하지 마시고, 제 개성과 성향, 특성, 기질을 고려해 주세요. 제가 남과 다르게 태어났다는 것을 기억해 주세요.

이 세상에 저는 단 한 사람뿐이에요. 저만 갖고 있는 독특한 개성을 인정해 주세요. 저는 누구와도 닮지 않은 남다른 아이랍니다.

# 4



## 최고의
## 교육은
## 관심과 사랑이다

우리의 아이들은 태어났을 때 누구나 창의적이고 개성 있는 인재였음에도 불구하고,

잘못된 교육과 부모의 욕심으로 인해 자신의 잠재력을 잃어버리고 있다.

세계적으로 유례를 찾을 수 없을 정도로 높은 한국의 교육열의 이면에는 아이들의 개성을

죽이고 모두 비슷비슷한 시험 기계로 만들어버리는 심각한 폐단이 존재한다.

고액의 사교육을 어떻게 시킬 것인지 고민하기 전에 교육 본연의 목적을 되돌아보고

가슴으로 아이를 품어주고 소통하는 교육으로 돌아가야 할 때다.

**14**

—

# 잘못된 교육이
# 우리 아이를 망친다

**'어떻게 키울 것인가'보다
'무엇을 시킬 것인가'를 고민하는 시대다**

"우리 아이 영어유치원은 어딜 보내는 게 좋을까요? 요즘은 중국어가 대세라고 하니 중국어도 꼭 시켜야겠지요?"

"아이가 몇 살인데요?"

"6개월이에요."

"아아, 생후 6개월 됐어요?"

"아니요, 이제 임신 6개월째 접어들었어요."

"?!"

아이가 태어나기 전에 사교육 걱정부터 한다는 요즘, 위와 같은 이야기를 하는 젊은 어머니들을 접하는 것도 결코 드문 일은 아닙니다.

각종 선행학습에 들어가는 비용이 점점 늘어가는 추세일 뿐만 아니라, 사교육을 시키는 연령대도 점점 내려가고 있습니다. 유치원은 물론이고 영유아, 심지어 아이가 태어나기도 전부터 어떤 유치원에 보내고 어떤 사교육을 시킬 것인지 고민한다고 합니다.


## 치맛바람이 무서운 이유는 무엇?


한국의 교육열은 전 세계에서 손에 꼽힐 정도로 높은 편에 속합니다. 과거 20세기에 우리나라가 급속한 경제성장을 일군 원동력도 한국 부모들 특유의 높은 교육열이 큰 역할을 했음을 부정할 수 없을 것입니다.

자식들에게 가난을 대물림해주고 싶지 않다는 열망, 내 자식만큼은 원 없이 잘 가르쳐 풍요롭게 살게 하고 싶다는 한국 부모들의 강렬한 염원이 교육열에 반영되었던 것입니다. 아이들은 치열한 경쟁을 거쳐 대학입시라는 전 국민적인 행사를 해마다 치렀고, 그 결과 대학 진학률은 급격히 올라갔습니다. 전 세계에서 한국만큼 대학 가는 인구가 많은 나라를 찾기 힘들 정도입니다. 그리고 그런 경쟁을 치른 세대가 성장하여 어느덧 지금의 부모 세대가 되었습니다.

문제는 치열한 경쟁을 치르며 자란 세대가 낳은 요즘 아이들은 과거보다 더욱 극심한 사교육 경쟁 속에 놓였다는 점입니다. 과거에는 대학입시만 치르면 되었지만, 이제는 유아기에 시작되는 조기교육부터 대학입시는 물론이고 취업에 이르기까지 전 연령대에 걸쳐 무한 경쟁에서 살아남을 것을 강요받고 있습니다.

유례가 없을 정도로 과열된 사교육 시스템 속에서 가장 고통 받는 것은 아이들입니다. 과도한 선행학습과 사교육으로 인하여 어려서부터 자연스럽게 가정에서 받아야 할 인성교육과 정서함양의 기회가 차단되기 때문입니다.

어느날 야간자율학습을 하는 딸 아이에게 공부에 좀더 관심을 키우고 싶었던 저는 저녁 도시락과 친구들 간식을 정성껏 챙겨 학교로 가져다 주었습니다. 딸은 나를 꼭 안아주면서 "엄마가 이렇게 감동을 주시니 공부를 안 할 수가 없어요." 하는 것을 보면서 '관심과 사랑은 감동을 주게되고 즐거움 속에서 스스로 하고싶어하는 마음을 갖도록 하는 구나' 라는 생각이 들기도 했습니다.

**15**

—

# 평생 사교육에 투자하고
# 평생 빚에 허덕이는 부모들

## 공교육을 신뢰하지 못하는 한국 부모들,
## 무엇이 문제인가?

언제부턴가 우리나라의 교육열은 단지 자식이 잘 되기를 바라는 부모 마음이라고 하기엔 그 도를 넘어서고 있습니다.

자녀의 해외 조기유학으로 인해 한국에 홀로 남아 돈을 벌어 보내는 가장을 일컫는 '기러기아버지', 가계수입의 상당부분을 자녀교육비에 투자하느라 노후대비와 은퇴설계를 제대로 하지 못하고 빚에 허덕이는 계층을 일컫는 '에듀푸어'와 같은 신조어들은 우리나라의 교육현실이 얼마나 왜곡되어 있는지를 보여주는 말들입니다.

OECD 국가들 중 사교육에 가장 많은 비용을 투자하는 나라이지만,

정작 대학입시의 관문을 통과한 아이들의 앞에는 비싼 등록금으로 인한 학자금 대출 문제와 취업난이 기다리고 있습니다.

어렵게 취업에 성공했다 하더라도 결혼을 하고 집을 장만하기 위해 또 다시 빚을 지고, 아이를 낳은 순간부터 또 다시 양육비와 교육비에 허덕이게 됩니다.

하지만 사교육을 배제하고 공교육에만 의지하기에는 이미 한국의 교육시스템은 더 이상 부모들의 신뢰를 받지 못하게 된 지 오래된 듯 싶습니다. 과거에는 집안형편이 다소 어렵더라도 그야말로 '교과서만 열심히 공부하면' 좋은 대학에 입학하는 성공사례들이 많았지만, 요즘에는 사교육을 많이 받은 학생들의 명문대 진학률이 압도적으로 높아졌기 때문입니다. 오죽하면 '개천에서 용 나는' 시대는 끝났다고들 이야기할 정도입니다.


## 어른들의 욕심이 아이들의 동심을 가로막고 있다


고액의 사교육을 시켜야 좋은 대학에 보내 수 있고, 좋은 대학에 들어가야 사회에서 성공할 수 있으며 좋은 직장을 갖고 성공해야 다시 다음 세대 아이들에게 고액 사교육을 시킬 수 있다는 빈익빈 부익부

　황금률 교육법 4　최고의 교육은 관심과 사랑이다

의 악순환, 그에 대한 판타지를 그저 부모들의 허영 때문이라고만 치부하기에는 공교육의 역할이 너무나도 미미해 보이기만 합니다.

이러한 악순환이 되풀이되는 가운데 교육의 진정한 본질과 공부의 즐거움, 그리고 가족 구성원 모두의 행복은 뒷전이 된 지 오래입니다. 그 결과 수학, 과학을 비롯한 학습능력과 문제풀이 능력은 세계 최고 수준이지만 어린이와 청소년들의 행복감은 세계 최저 수준이 되었습니다.

그리고 무엇보다도 성숙한 인간이자 사회인으로서 갖추어야 할 인성과 도덕성, 타인에 대한 배려심 등을 어려서부터 제대로 배우지 못한 채, 남과 경쟁해서 이길 줄만 아는 어른으로 자라나게 됩니다.

미래의 꿈이 무엇인지 탐색하는 대신 어느 대학에 들어가야 하는지부터 걱정하고, 어떤 삶을 살아야 행복할 수 있을지에 대해 고민하는 대신 점수를 몇 점을 받아야 시험에 합격할 수 있는지에 대해서만 전전긍긍해야 하는 아이들.

지금 우리 아이들은 잘 자라고 있는 것일까요? 어른들의 욕심으로 인한 잘못된 교육이 아이들을 돌이킬 수 없이 망치고 있는 것은 아닐까요?

**16**

—

# 부모는 교육에 전부를 걸지만
# 아이들은 멍들고 있다

## 놀이도 사교육으로 배우는 아이들

언제부턴가 서울과 대도시의 주택가에서는 동네 놀이터나 공터에서 아이들이 뛰어노는 모습을 보기가 점점 어렵게 되었다고 합니다. 또래 친구들과 어울려 술래잡기나 고무줄놀이를 하며 해가 질 때까지 땀 흘리며 뛰어놀다가 "그만 놀고 밥 먹어라!" 하는 어머니 목소리에 헐레벌떡 집으로 뛰어가곤 하던 아이들의 모습은 이제 지난 시대의 빛바랜 기억으로 사라졌나 봅니다.

비록 풍족함은 지금보다 덜했을지 몰라도 아이들이 아이들답게 자라던 시절이 있었습니다. 반면 지금의 부모들은 자녀교육을 위해 부모 자신의 인생을 거의 포기하다시피 하고 전 재산의 상당 부분을 투자하며 노심초사함에도 불구하고 부모 자신은 물론이거니와 아이들도 그리 행복한 삶을 살고 있지는 못한 것 같습니다.

선행학습을 시키는 연령대가 점점 내려가면서 요즘에는 걸음마도 떼기 전부터 부모들이 교육에 대해 걱정을 하는 모습을 많이 봅니다. 유아 때부터 영재교육을 위해 사교육기관과 값비싼 교재, 교구들을 물색하고, 인기 있는 유치원 혹은 영어유치원에 보내기 위해 경쟁을 마다하지 않으며, 영어는 물론이고 중국어 등 제2외국어를 취학 전부터 반드시 시켜야 한다며 불안해합니다.

실제로 한 통계에 의하면 사교육에 가장 많이 신경 쓰는 계층은 대입 수험생보다 오히려 취학 전 유아에서 유치원 연령대의 아이들을 둔 부모들이라고 합니다. 게다가 학습적인 부분뿐만 아니라 예체능 분야의 실력도 뛰어나야 감성지능이 발달한다는 명목 하에 각종 악기연주와 체육까지 따로 과외를 시킵니다.

밖에서 마음껏 뛰어놀아야 하는 아이들에게 노는 시간을 허락하지 않는 대신 놀이조차도 사교육기관에서 따로 교육을 받게 하는 셈이니 참으로 아이러니합니다.

# 모국어보다 외국어에 '몰입'해야 하는가?

우리나라 부모들이 쓰는 교육비 중에서 영어 사교육에 들어가는 비용만 무려 연간 15조원 이상이 소요되고 있다는 최근의 통계에서 알 수 있듯이, 한국의 사교육 중에서 압도적인 비율을 차지하는 것이 바로 영어입니다. 이제 겨우 말문이 트인 유아부터 대학생, 취업준비생, 직장인 등 성인에 이르기까지 전 국민이 평생 영어에 매달리고 영어 점수와 회화실력 향상에 목을 매는 실정입니다.

어린 아이들이 어른에 비해 외국어를 훨씬 유연하게 습득할 수 있는 것은 사실입니다. 문제는 이에 너무 집착한 나머지 주객이 전도되어 마치 모국어인 우리말은 뒷전으로 해도 되고 영어를 모국어보다 더 먼저 배우고 많이 공부해야 한다고 여기는 풍토입니다.

요즘의 젊은 부모들은 그 자신이 대학입시와 직장생활에서의 경쟁을 경험하고 세계화 물결 속에서 '영어 울렁증'을 몸소 겪어본 세대입니다. 그러다 보니 내 아이만큼은 커서 영어 때문에 고생하지 않게 하고 싶은 마음에 될 수 있는 한 어릴 때부터 영어를 습득시켜야 한다는 조바심과 불안감이 크게 작용합니다.

그 결과 너무 어린 나이부터 영어 읽기, 쓰기를 시키려 듭니다. 우리나라 동화보다 외국의 동화를 먼저 원서로 읽히고, 원어민이 영어

    황금률 교육법 4  최고의 교육은 관심과 사랑이다

로 놀이를 가르쳐주는 놀이학교에 보내고, 국어보다 영어 소리환경
에 더 많이 노출시켜야 한다는 강박에 시달립니다.

심지어 영어를 그 또래 미국 아이들 수준으로 할 수 있기를 강요하
는 극단적인 경우도 있습니다. 영어를 모국어로 하는 미국의 유치원
아이들도 하지 않는 쓰기교육을 유치원 때부터 시키거나, 근거를 알
수 없는 연령별, 단계별 필독 영어 원서 리스트를 수백 권씩 정해 읽
기와 독해학습을 너무 일찍부터 시키는 것이 그 예입니다.

## 무리한 외국어 선행학습은 아이의 두뇌발달을 저해한다

어릴 때 외국어를 자연스럽게, 그리고 즐겁게 접하게 하는 것 자체
가 나쁜 것은 아닙니다. 그러나 모국어보다 훨씬 앞서서 선행되는 외
국어학습, 그리고 아이의 성장 및 두뇌 발달 과정을 충분히 고려하지
않은 채 너무 앞서 나아가는 문자 학습은 역효과를 낳습니다.

전 과목 수업을 영어로 진행하는 이른바 영어몰입교육을 시키는 사
립초등학교나 고액의 사교육기관이 일부 학부모들의 각광을 받으며
높은 입학 경쟁률마저 보이기도 하지만, 그것이 과연 바람직한 교육
방식인지에 대해서는 많은 전문가들이 고개를 갸웃합니다.

아무리 외국어를 어릴 때 시키는 것이 효과적이라 할지라도, 교육에 있어서 가장 중요한 것은 아이의 두뇌 발달과 정서적인 성장 과정, 인지발달 과정, 사물에 대한 폭넓은 이해력, 모국어 구사력, 그리고 무엇보다도 배움에 대한 아이 스스로의 흥미와 호기심이 모두 고려되어야 한다는 점입니다.

이러한 점들을 무시한 채 무조건 고액의 비용을 들여 아이의 성장 수준에 맞지 않는 과도한 외국어 선행학습을 강요할 경우 오히려 역효과를 낳을 수 있습니다. 영어에 흥미를 잃거나 영어 자체를 거부하는 현상이 그 예입니다. 그 과정에서 아이들은 정신적 고통을 크게 받고 학습능력도 오히려 퇴행현상을 보일 수 있습니다.

어릴 때 정서적으로 안정되고, 배움의 기쁨과 즐거움을 만끽하고, 모국어 이해력과 독서량이 든든한 기반이 된 아이들이 외국어도 효과적으로 익힙니다. '남들이 다 하니까 무조건 우리 아이도 시켜야 하지 않을까?'라고 생각하기보다는, 부모의 욕심이 아이의 학습의욕을 꺾고 자연스러운 두뇌 성장을 방해할 수도 있다는 점을 명심해야 할 것입니다. 감성이 발달한 아이가 행복지수가 높고 긍정적인 생각을 합니다. 무리한 학습보다는 생활 속에서 이루어지는 음악 듣기, 미술관 가기, 영화 감상하기, 표현하기 등 아이와 함께 예술 경험을 하는 것이 아이의 지적 능력 향상에 더 도움이 될 것입니다.

# 17

# 이제 '밥상머리교육'을
# 해야 한다

## '밥상머리교육'은 인성교육의 장이다

'밥상머리교육' 이라는 말이 있습니다. 한 사람의 인격과 인성은 어려서부터 형성된 아주 기본적인 생활습관과 예절교육에 달려 있다는 포괄적인 의미를 담은 표현입니다.

예전 우리 전통사회는 대가족제도로 인해 조부모부터 손자까지 3대 이상이 한 집에서 생활하는 경우가 많았습니다. 그래서 웃어른을 공경하고 예의를 갖추는 것에 대한 가장 기본적인 교육이 어려서부터 자연스럽게 이루어졌고 일상생활 자체가 인성교육의 현장이나 다름없었습니다.

특히 온 가족이 모두 모여 오순도순 밥을 먹는 식사시간은 단지 끼니를 때우거나 음식을 먹기 위한 시간이 아니라 대화의 장이요, 세대 간의 의사소통의 장이기도 했습니다. 웃어른이 먼저 수저를 들기를 기다릴 줄 아는 등의 다양한 생활예절들을 아주 어릴 때부터 몸으로 익힐 뿐만 아니라, 서로의 일과와 소식을 전하고 어른의 조언을 들으며 의사소통할 수 있는 매우 중요한 시간이기도 했습니다.

이러한 '밥상' 앞에서의 생활교육은 한 사람의 성장에 있어서 지식을 배우고 익히는 교육 못지않게 중요한 역할을 해주었습니다.

얼마 전에는 이런 '밥상머리'에서의 교육효과에 대한 서구권 연구자들의 연구결과가 화제가 된 바 있습니다. 가족이 함께 모여 식사를 하는 시간동안 아이들의 인성뿐만 아니라 언어적 발달도 크게 이루어진다는 것입니다. 밥을 먹으며 가족 간에 오가는 일상적인 대화 속에서 살아가는 데 필요한 상당 부분의 어휘들을 습득할 수 있기 때문입니다.

## 혼자 밥 먹는 아이로 키우지 말자

그러나 현재 우리 사회는 대가족에서 핵가족 시대로 바뀌면서 집안에서의 어른의 존재가 사라졌을 뿐만 아니라, 가족이 함께 밥을 먹는

 황금률 교육법 4  최고의 교육은 관심과 사랑이다

문화 자체가 사라져가고 있는 것 같아 걱정스럽습니다.

일 때문에 바쁜 부모, 그리고 학원가는 시간에 쫓겨 부모 못지않게 바쁜 자녀들이 함께 모여 식사를 하는 일상이 줄어들고 있는 실정입니다. 아이들이 '밥상머리교육'을 통해 웃어른으로부터 예절을 배우고 가족 간에 충분한 대화를 하는 풍경이 사라져가면서, 예전에는 성장하면서 누구나 자연스럽게 배우고 익힐 수 있었던 많은 것들을 요즘 아이들은 거의 배우지 못하고 있습니다.

공공장소에서 남을 배려할 줄 모르는 아이들과 그런 아이들에게 예절을 가르치지 않는 부모들, 웃어른과 선생님을 공경할 줄 모르는 청소년들, 타인에 대한 배려와 양보보다는 타인과 경쟁해 이기기를 어려서부터 은연중에 가르치는 교육, 각자 끼니를 때울 뿐 대화의 장이 되지 못하는 식사시간, 그리고 너무 일찍부터 시작되는 선행학습과 조기교육에 밀려 인성교육을 받을 기회가 없는 아이들.

어쩌면 우리 부모들은 '아이에게 얼마의 돈을 들여 무엇을 어떻게 가르칠 것인가?'에 너무 치중한 나머지 '내 아이의 마음은 어떤가?'에 대해서는 미처 생각하지 못하고 있는 것은 아닐까요? 온 가족이 둘러앉아 함께 밥을 먹으며 아이의 이야기에 귀 기울인 적이 언제인지, 한 번쯤 되돌아볼 필요가 있습니다.

**18**

# 관심과 사랑으로 인성교육에 올인하자

## 인성교육이 부모의 관심에서 시작되는 이유는

주요 대학 대학입시나 대기업 입사전형에서 인성검사를 포함시키겠다고 하자 인성을 단기간에 교육시켜준다는 사교육기관이 우후죽순으로 등장하는 것을 볼 수 있었습니다. 이러한 웃지 못 할 현상에서 알 수 있듯이, 우리 교육은 지나치게 기능주의적이고 획일적인 방향으로 흘러가고 있는 게 아닐까 합니다.

부모가 놀아주는 것보다 고액의 놀이교육 기관에 보내는 것이 더 중요하다는 인식으로 인해 부모와의 정서적 유대감과 교감은 뒷전이 되는 경우도 적지 않습니다. 대체 얼마의 돈을 주고 무엇을 가르쳐야 '인성 점수'를 향상시킬 수 있는 것일까요? 그런 것을 과연 인성교육이라 할 수 있을까요?

교육이란 아이들로 하여금 공부에 흥미를 가질 수 있도록 해주는 것이어야 하고, 이때 부모의 역할은 아이가 장차 자신의 재능을 펼칠 수 있도록 격려해주고 마음을 이해해주는 것이어야 합니다.

어른의 존재도, '밥상머리교육'도 사라진 지금, 아이의 마음을 들여다봐 줄 수 있는 유일한 존재는 바로 부모일 것입니다.


## 아이에게 눈높이를 맞추고 먼저 다가가자


요즘의 부모들은 과거의 부모들과는 비교도 할 수 없을 정도의 막강한 정보력을 가지고 있습니다. 입시제도 자체가 교육전문가도 고개를 절레절레 저을 정도로 해마다 복잡해지다 보니 정확한 정보 파악을 위해 부모 스스로 나서지 않으면 안 되겠다는 위기감이 커졌기 때문입니다.

그래서 때로는 학교 교사들이나 입시 전문가들보다 더 많은 정보와 확신을 가지고 아이의 교육문제에 대해 결정과 판단을 하는 경우도 많습니다. 이는 공교육에 대한 부모들의 신뢰감이 땅에 떨어지면서 빚어진 사회적 현상이라 할 수 있을 것입니다.

　문제는 부모의 결정과 확신으로 인해 아이가 받는 스트레스와 정서적 부작용에 대해서는 간과한다는 점입니다. 자녀들의 교육에 퍼붓는 교육비의 액수만큼 아이의 인성과 정서가 성숙하게 발달하고 있는지는 의문입니다.

　어릴 때부터 부모가 하나부터 열까지 모든 것을 결정하고 도와준 아이들은 자기 혼자 힘으로는 아무 것도 결정할 줄 모르는 사람으로 자라기 쉽습니다. 부모 기준에서 모든 문제를 일방적으로 해결해주고 결정을 내려주기 전에, 아이가 무엇을 원하고 있는지 함께 고민해보는 시간을 가져보는 것이 중요합니다.

　부모가 먼저 아이에게 다가가고 눈을 맞추고 대화를 시도해 보는 것이 중요합니다. 관심을 먼저 기울이고 대화를 시작하는 데서 인성 교육은 시작됩니다.

　오늘 시험에서 몇 점을 받았는지가 아니라, 아이가 오늘은 어떤 생각을 하고 있고 무엇을 힘들어하고 있는지에 대해 관심을 기울여야 합니다. '어머니, 아버지가 너를 지지해주고 네 마음을 이해해주고 있다' 라는 관심과 배려를 느끼며 자란 아이가 커서도 남을 배려할 줄 알고 세상과 어울릴 줄 아는 인성 좋은 사람이 될 수 있을 것입니다.

# 꼭* 짚고나가기

## [ 1. 아이의 인성을 발달시키기 위한 7가지 수칙 ]

### 1. 자주 안아주고 애정표현을 하세요.

부모의 사랑이 담긴 언어표현과 스킨십을 자주 받은 아이일수록 자신이 사랑받는 아이라는 것을 알고 정서적 안정감을 갖습니다. 정서적 안정감이 충족된 아이일수록 밝고 지혜로운 사람으로 성장합니다.

### 2. 항상 용기를 심어주는 말을 아끼지 마세요.

자녀들이 뭔가에 실패하더라도 격려하는 말을 반드시 해주세요. 격려를 받고 자란 아이들은 실패를 두려워하지 않고 자신감 있는 아이로 성장하게 됩니다.

### 3. 화목한 가정의 분위기를 조성해 주세요.

부부 사이에 화목한 대화가 오가고 가족이 둘러앉아 자녀의 이야기를 많이 들어주는 가정의 분위기를 만드는 것이 무엇보다 중요합니다.

### 4. 범위와 원칙을 정해주고, 원칙에서 벗어나면 적당한 징계를 하세요.

좋은 부모는 자녀가 하고 싶은 대로 무조건 하도록 내버려두는 부모가 아닙니다. 무엇을 해야 하고 무엇을 하지 말아야 할지에 대한 적당한 범위와 원칙을 미리 알려주고, 그 원칙을 벗어날 때에는 적절한 징계의 말을 하되 그러한 행동을 하면 왜 안 되는지를 충분히 이해시켜 스스로 지킬 수 있도록 해야 합니다.

### 5. 창의적으로 살아가도록 가르쳐주세요.

부모가 말없이 TV 시청만 하는 가정에서 창의적이고 창조적인 자녀가 성장하기는 어려울 것입니다. 부모 스스로도 TV 시청을 줄이고, 그 대신 좋은 책을 사주어 온 가족이 함께 읽고 이야기를 나누는 습관을 들여 주세요. 가족이 함께 참여할 수 있는 놀이나 게임을 통해 일상생활에서 창의적인 생각과 행동을 할 수 있도록 해주세요.

### 6. 할 일을 먼저 하고 놀도록 하세요.

숙제를 하고 놀면 좋겠지만 아이들은 노는 게 좋아서 놀다 보면 자기 할 일을 안 하게 되지요. 제 아이들이 어렸을 때도 밖에서 놀다가 늦게 들어온 적이 있었습니다. 저녁 식사를 하고 나서 자라고 했더니 숙제를 해야 한다고 하는 것이었습니다. 저는 "많이 놀아서 피곤하니 그냥 자고 내일 해라." 라고 하고 불을 껐습니다. 그랬더니 불안해서인지 다음날 아침 일찍 일어나 숙제를 하고 학교에 가는 것이었습니다. 그 다음부터는 무조건 숙제를 먼저 한 다음에 나가 노는 습관이 생겼습니다.

   황금률 교육법 4  최고의 교육은 관심과 사랑이다

이처럼 자기 할 일을 먼저 하고 노는 습관을 들이되, 부모가 무조건 강요하는 것 보다는 할 일을 안 함으로써 불편하다는 것을 아이 스스로 느끼게 하는 것도 하나의 방법입니다.어릴 때부터 자기가 할 일을 먼저 한 뒤에 쉬거나 놀도록 하는 것은 자녀의 일생에 걸쳐 큰 영향을 끼칩니다.

 부모가 먼저 모범을 보여 자신의 의무와 할 일을 먼저 하도록 가르치세요.

### 7. 축하하는 기회를 자주 만들어주세요.

자신감 있는 아이가 인성도 옳게 발달합니다. 꼭 생일이나 특별한 기념일이 아니더라도 사소한 것이라도 축하하거나 칭찬할 일을 일부러 만들어보세요. 그리고 온 가족이 모인 자리에서 아이를 칭찬해주고 축하해주세요.

예를 들어 아이들이 새 학년이 되면 좋은 선생님을 만나서 기쁘다고 하면서 축하 자리를 마련해보세요. 행여 담임선생님이 마음에 들지 않으신 분이라도 아이 앞에서 선생님 흉을 보는 일은  아이를 위해서 바람직한 행동이 아닙니다.

## [ 2. 유태인 교육은 영재교육이 아니라 인성교육이다 ]

과학자 아인슈타인, 영화감독 스티븐 스필버그, 페이스북 창업자 마크 주커버그, 그리고 선진국의 정재계를 주름 잡는 거물급 유명인들. 이들의 공통점은 유태인 출신이라는 점입니다.

각 분야에서 가장 높은 비율의 인재들이 활약해온 유태인의 교육방식은  '탈무

드’ 와 함께 전 세계 부모들에게 큰 영향을 끼쳐 왔고, 최근 우리나라에서도 유태인 교육법에 대한 부모들의 관심이 부쩍 높아졌습니다.

우리나라에서는 이들의 교육방식을 주로 영재교육 혹은 조기교육이라는 측면에서 부각시키고 있습니다. 하지만 사실 그들의 교육법이 특별한 것은, 공부 잘하고 성적 잘 받는 영재를 키워내는 교육법이어서가 아니라 인성과 덕성, 창의성과 개성을 발달시키는 데 중점을 둔 교육이라는 점입니다.

유태인의 자녀교육은 일방적인 주입식 교육이 아니라 아이의 의견과 개성을 존중하는 쌍방향적 교육입니다. 즉 점수 높은 아이보다는 지혜로운 아이가 되도록 키우는 교육이라 할 수 있습니다. 아이가 수업을 수동적으로 듣게 하는 것이 아니라 능동적으로 질문하게 하는 교육이며, 그래서 흔히 ‘물고기를 낚아주는’ 교육이 아니라 ‘물고기 낚는 법을 가르쳐주는’ 교육이라고 일컬어지는 것이 유태인 자녀교육법입니다.

무엇보다도 그 아이만의 적성을 존중해주어, 설령 아이가 다른 아이들보다 조금 부진한 것 같거나 별난 생각을 하는 것 같아도 야단치거나 닦달하는 것이 아니라 인정해주고 기다려주며 격려해줍니다.

가족과의 의사소통과 토론을 중시한다는 점에서 인성교육, 전인교육의 특성이 강하며, 특히 반드시 가족과 식사하는 시간을 갖는 것을 중시한다는 점에서 우리나라의 전통적인 ‘밥상머리교육’ 과도 일맥상통하는 면이 있습니다.

# 5



# 아이의 능력을 성장시키는 최고의 양육법은?

진정한 교육은 아이를 평균치에 다다르게 하는 교육이 아니라

그 아이만의 능력을 살려주는 것이어야 한다. 아이의 흥미와 적성을 존중해주고,

다른 아이와 능력이 다르더라도 있는 그대로 인정해주는 것이 진정한 창의성 교육이다.

부모가 어떤 환경을 만들어주느냐에 따라 아이의 개성과 창의력이 묻혀버릴 수도,

날개를 활짝 펼 수도 있다.

# 19

# 창의력 교육이
# 아이의 인생을 바꾼다

## '흥미'는 사고력과 창의력을 싹 틔운다

일본의 유명한 바이올린 연주가이자 어린이 바이올린 교본 개발자인 스즈키 신이치는 아이들의 재능은 얼마든지 후천적으로 발전시킬 수 있다고 하면서 독특한 음악교육법을 개발했습니다.

그의 바이올린 교실에 처음 온 유아들은 처음부터 바이올린 켜는 법을 배운 것이 아니었습니다. 아이들은 맨 처음에는 바이올린 없이 그저 다른 친구들이 바이올린 켜는 모습을 물끄러미 구경도 하고 바이올린 소리도 들으며 하고 싶은 놀이를 했습니다. 교사들은 아이들이 하고 싶은 대로 하도록 내버려두었습니다.

그렇게 두어 달이 지나면 아이들은 음악도 귀에 인이 박히도록 들어 익숙해질 뿐만 아니라 이제 자기도 직접 악기를 연주해보고 싶다는 홍미를 저절로 갖게 되었습니다. 그리고 그보다 몇 달 더 지나 아이가 더 이상 참을 수 없을 정도로 악기를 연주하고 싶어 할 때, 그제야 바이올린을 안겨 주고 연주하는 법을 가르쳐 주었습니다. 아이는 그동안 눈으로, 귀로 바이올린에 대한 홍미가 한껏 고조된 상태가 되었기에 일단 악기를 쥐어주면 습득하는 속도도 빠르고 연주를 즐기며 음악을 배워나갈 수 있었습니다.

이처럼 아이들의 학습에 있어서 가장 중요한 요소는 '홍미' 입니다. 이 세상 모든 아이들은 일단 홍미가 있어야 배우려 하고 습득하려 합니다. 그리고 홍미야말로 사고력과 창의력을 키우는 최초의 씨앗이라 할 수 있습니다.


## 아이의 왕성한 호기심을 지속시켜줘야 하는 이유는?


부모들은 어떻게 하면 아이에게 '가르칠' 수 있을 것인가를 고민하는 경우가 많습니다. 하지만 글자든, 그림이든, 음악이든, 아이들은 제 스스로 홍미를 가진 것일수록 학습욕구도 커집니다. 따라서 부모는 뭔가를 아이에게 학습시켜야 한다는 강박을 버리고, 어떻게 하면 아이가 흥미를 가질 것인지를 늘 먼저 생각해야 합니다.

부모가 할 일은 아이의 흥밋거리를 옆에서 관찰하고 발견하는 것입니다. 다양한 기회를 주어 아이의 관심거리를 발견할 토대를 마련해주고, 호기심을 갖는 것은 적극 장려해주되 흥미가 없어 하는 것은 억지로 시키지 않아야 합니다.

흔히 유아기의 아이들에게서 발견할 수 있는 특징 중 하나는 자신이 흥미를 갖게 된 것에 대해 반복을 요구한다는 점입니다. 좋아하는 동화책을 몇 번이고 읽어달라고 조르고, 좋아하는 특정 장난감이나 음악, 애니메이션 등을 줄기차게 요구합니다.

이와 같은 반복 성향은 외부의 지식을 완전히 자기 것으로 만들고자 하는 본능적인 학습욕구입니다. 그런가 하면 하루 종일 줄기차게 '왜?'라는 질문을 던지는 시기가 옵니다. 말끝마다 '왜?'라고 물어 부모를 지치게 만들 정도입니다.

반면 흥미를 가졌던 것에 대해 금세 싫증을 내기도 합니다. 싫증 역시 아이들이 갖고 있는 근본적인 속성이자 두뇌 발달 과정의 하나입니다. 뭔가에 싫증을 낸다는 것은 또 다른 새로운 것에 대한 호기심과 열망을 의미하는 것이기도 합니다. 따라서 아이가 뭔가에 금세 싫증을 냈다고 하여 야단치거나 윽박지르는 것은 아이의 다른 잠재력마저 억누르는 것과 같습니다.

아이들의 호기심은 한 가지에 '꽂히는' 모습을 보일 수도 있지만, 시시각각 변화무쌍하게 달라지는 양상을 보일 수도 있습니다. 왕성한 호기심이란 아이 스스로 외부세계의 새로운 지식들을 발견하고 익히려는 강렬한 의지의 산물이기 때문입니다.

호기심은 흥미를 낳고, 흥미는 욕구를 낳습니다. 새로운 것에 대한 호기심, 새로운 지식에 대한 열망이야말로 아이의 두뇌를 성장시키는 원동력이 됩니다. 그러므로 아이의 흥미를 무시하거나 호기심의 싹을 자르지 않도록 항상 부모가 관심을 기울여야 합니다.

# 20

# 스스로 즐길 줄 아는
# 아이가 지혜롭다

## 아이들은 놀 권리도 있다

놀이터에서 뛰어노는 아이들을 보기 힘들어지고, 학원에 가지 않으면 친구 사귀기조차 힘든 사회가 되었다고 합니다. 하지만 동서고금의 어린이교육 전문가들이 공통적으로 강조하는 것 중 하나가 바로 놀이의 중요성입니다.

놀이야말로 아이의 두뇌의 잠재력을 극대화시키고 창의력을 계발시키는 가장 놀라운 방법이자 어린이들만의 특권입니다. 어린이들의 지능과 오감이 발달하는 과정은 책상 앞에 억지로 앉혀 놓고 공부를 시키는 데 있는 것이 아니라 마음껏 하는 놀이에서 찾을 수 있습니다.

영유아기 아이들의 두뇌 잠재력을 일깨우는 것은 노래를 듣고, 노래를 부르고, 그림을 그리고, 낙서를 하고, 물체를 만지거나 두드리는 등의 사소해 보이는 놀이 하나하나에 있습니다. 또한 예전에 밖에서 뛰어놀던 아이들이 하던 숨바꼭질, 고무줄놀이 같은 다양한 종류의 놀이들을 가만히 살펴보면 신체능력뿐 아니라 두뇌발달, 협동심, 인내심 등 그 시기의 발달과정에서 꼭 필요한 요소들이 놀라울 정도로 골고루 포함되어 있음을 알 수 있습니다.

현명한 부모라면 아이들만의 특권인 놀 권리를 빼앗지 않아야 할 것입니다. 어른들의 선입견과는 달리 놀이는 학습의 반대말이 아니라 오히려 학습의 가장 원초적인 형태입니다.


## 마음껏 질문하게 하자

어린 시절에 놀이가 중요한 이유는, 무엇이 되었건 아이들이 스스로 즐기며 능동적으로 하는 것이 아이를 발달시키기 때문입니다. 학습에 대한 능동성을 발달시키는 데 가장 중요한 것이 바로 '질문'입니다.

원자시계의 원리를 최초로 발견한 미국의 물리학자이자 노벨상 수상자인 유대인 '이지도어 아이작 라비'(1898~1988)는 노벨상 수상 소감을 묻는 기자들에게 이런 말을 한 것으로 유명합니다.

"제가 어렸을 때 학교에서 돌라오면 어머니는 늘 '오늘은 수업 시간에 선생님께 무슨 질문을 했니?' 라고 물어보셨습니다. 이것이 오늘의 나를 있게 한 비결입니다."

그의 어머니가 아들에게 장려한 것은 다름 아닌 학업에 대한 능동성이었습니다. 학교에서 얌전히 시키는 공부만 하다 돌아오는 것이 아니라 무엇이 됐건 의문을 가져보고 질문을 하라는 것이었습니다.

유태인들의 자녀교육법이 전 세계 어느 문화권에서나 공감을 사는 것은 그들의 교육법이 거창하거나 어려운 것이어서가 아니라, 작은 발상의 전환을 유도하면서 어떤 부모라도 생활 속에서 실천할 수 있는 것이기 때문입니다.

그 대표적인 예가 아이로 하여금 질문하는 습관을 갖게 하라는 것입니다. 아이가 가지고 있는 창의력과 상상력은 질문을 통해서 무한히 발전할 수 있습니다.


## 스스로 즐기는 법을 알게 하자

주입식 교육이 공부의 전부인 것처럼 변질된 현실에서, 우리나라 아이들이 공부를 즐기면서 하기란 거의 불가능한 일일지도 모릅니다. 새로운 것을 배우는 것은 즐거운 일이며 교육이란 아이들의 적성에 맞는 진로를 찾아주는 과정이 되어야 한다는 원론적인 이야기가 오히려 비현실적으로 들릴 지도 모릅니다.

그럼에도 불구하고 교육이란 아이들로 하여금 자신이 진정 하고 싶은 일을 찾기 위해 능동적으로 즐기는 과정으로 되돌아가야 한다는 것을 강조하고 싶습니다.

앞으로 우리 아이들이 성장하여 살아갈 사회는 자기가 즐기는 일을 하는 사람들이 성공하는 사회입니다.

따라서 교육도 아이들을 부모 욕심에 등 떠밀려 사교육에 허덕이게 하는 것이 아니라 미래의 꿈을 이루기 위한 자발적인 과정이 되어줄 수 있어야 합니다. 성적에 맞춰 대학과 전공을 선택하는 것이 아니라 자기가 제일 잘할 수 있고 하고 싶은 분야가 무엇인지 탐색하는 기간이 될 수 있어야 합니다.

자신의 인생을 부모가 설계해주는 것이 아니라 어릴 때부터 스스로 설계하는 연습하게 하고, 장차 어떤 사람이 되고 싶은지에 대해 끊임없이 탐구하는 아이가 될 수 있도록 부모가 힘이 되어줘야 할 것입니다.

# 21

# 유전보다 환경의
# 영향이 절대적이다

## 어린 시절의 교육환경이 평생을 결정하는 이유는

혼히 '재능은 타고나는 것이다.', '피는 못 속인다.' 와 같은 이야기를 합니다. 타고난 유전적 요소가 사람의 인생에서 결정적인 역할을 한다는 것입니다. 그런데 이것은 어떤 면에서는 맞는 말이기도 하지만 또 어떤 면에서는 틀린 말이기도 합니다. 재능은 유전의 영향도 어느 정도 받는 것이 사실이지만 어린 시절의 환경도 그에 못지않게 큰 역할을 하기 때문입니다.

어린 시절 교육환경의 중요성에 대해 이야기할 때 가장 대표적인 사례로 거론되는 것이 늑대소녀 이야기일 것입니다.

아기 때 버려져 인도의 밀림에서 살아남은 두 자매가 발견되었는데 짐승처럼 네 발로 걷는 습성을 버리지 못하고 언어습득도 정상적으로 하지 못했다는 유명한 이야기입니다. 아무리 인간으로 태어났어도 문명과 교육의 영향을 받지 못하면 짐승과 다름없는 삶을 살게 된다는 고전적인 예입니다.

또 하나의 예로, 19세기 독일의 천재 수학자 가우스는 가난한 노동계급인 벽돌 직공의 아들로 태어났습니다. 그래서 어려서부터 늘 아버지 곁에서 벽돌을 세며 놀고 때로는 벽돌을 셈해 아버지에게 건네주며 일을 돕기도 했다고 합니다. 숫자를 하나씩 세고 합계를 구하는 것이 놀이의 일부였던 셈입니다. 그렇게 자란 그는 불과 10세 때 등차수열의 합을 구하는 공식을 발견하며 신동으로 유명세를 떨치게 됩니다. 부모로부터 물려받은 유전적 요인만이 작용했다면 그는 아버지처럼 벽돌 직공이 되었을지도 모릅니다. 하지만 벽돌을 셈하고 노는 환경적 요인은 그의 내부에 잠재되어 있던 수학적 감각을 자극했던 것입니다.

## 유전적 영향은 극히 일부분이다

'학자 집안', '음악가 집안' 이라는 말처럼 유전이 모든 것을 결정하는 것처럼 보일 수도 있지만, 이는 환경의 영향력을 암시하는 말이기도 합니다. 어려서부터 부모가 학구적인 환경을 조성했기 때문에, 혹은 늘 음악을 접하는 환경을 조성했기 때문에 자녀들도 영향을 받은 것이기 때문입니다.

음악가 집안의 자녀는 어려서부터 늘 음악소리를 듣고 부모가 음악을 연주하거나 좋아하는 모습을 접하며 자랐을 것입니다. 그런 아이는 음악에 대한 감각과 흥미가 남다를 수밖에 없습니다. 이것을 단지 유전자의 영향이라고 할 수만은 없을 것입니다.

또한 학구적인 집안에서 태어난 아이는 어려서부터 늘 부모가 책을 보거나 공부를 하는 모습을 보며 자랐을 것입니다. 그런 아이는 이미 아기 때부터 책을 장난감 삼고 책 읽는 것을 놀이 삼아 성장했을 가능성이 높습니다. 꼭 학자 집안이 아니더라도 부모가 공부하라는 말을 많이 하는 가정에 비해, 부모가 먼저 책 읽는 모습을 보여주는 가정의 아이들은 스스로 공부하고 독서하는 버릇이 자연스럽게 몸에 배어 있습니다.

똑같은 유전자를 물려받은 형제들이라도, 심지어 일란성 쌍둥이들조차도 어릴 때 어떤 환경을 접했느냐에 따라 전혀 다른 재능과 적성을 보일 수 있습니다.

반대로 아무리 우수한 유전자를 물려받았더라도 어린 시절의 가정

환경과 경험에 따라 재능이 사장되기도 하고 심지어 끔찍한 범죄자
가 되기도 합니다. 실제로 수많은 흉악 범죄자들은 어린 시절, 특히 5
세 이전의 가정환경에서 결정적인 영향을 받았음이 수많은 사례를
통해 드러난 바 있습니다.


## 교육은 미래를 바꾸고 사회를 바꾼다


남미 베네수엘라의 음악교육 시스템을 뜻하는 '엘 시스테마' (El
Sistema)는 교육환경이 아이들을 바꾸고 사회 전체를 바꿀 수 있음을
증명하는 감동적인 선례라 할 수 있습니다.

'엘 시스테마' 는 '베네수엘라의 빈민층 아이들을 위한 무상 음악
교육 프로그램' 을 뜻하는 것으로서, 1975년 베네수엘라의 경제학자
이자 음악가인 호세 안토니오 아브레우 박사가 카라카스의 빈민층
청소년 11명을 단원으로 뽑아 설립한 데서 출발하였습니다.

그 후 30년 넘는 세월 동안 26만여 명 이상이 가입한 조직으로 성
장, 베네수엘라 정부는 물론이고 세계 각국의 후원을 받아 어린이와
청소년을 위한 교육 시스템으로 정착하기에 이르렀습니다. 또한 베
네수엘라를 넘어 남미 전역, 그리고 세계 각국의 교육 및 사회 개혁

프로그램으로 각광받았으며 최근 우리나라의 음악교육에도 영향을 끼치고 있습니다. 엘 시스테마가 배출한 세계적인 음악가인 LA 필하모닉 상임지휘자 구스타보 두다멜은 우리나라에서도 성황리에 내한 공연을 치른 바 있습니다.

엘 시스테마가 '기적의 오케스트라'로 일컬어지는 것은 가난, 폭력, 마약, 총기사고 등 극단적으로 열악한 환경에 놓여있는 빈민가 아이들에게 어릴 때부터 음악을 가르침으로써 그들의 미래를 바꾸고 사회를 바꿨기 때문입니다. 음악교육을 받은 빈민가 어린이들은 가난과 범죄의 대물림 대신 잠재되어 있는 감성과 지능을 계발할 수 있었고 미래에 대한 꿈을 꿀 수 있었습니다. 또한 오케스트라라는 협동 교육을 통해 사회의 질서와 책임감, 타인에 대한 이해심 등 성숙한 가치관을 배웠습니다.

아무리 열악한 환경을 물려받았더라도 어떤 교육을 시키느냐에 따라 훌륭한 인재로 성장하기도 합니다. 아이들의 미래는 부모가 자녀에게 어떤 유전자를 물려주었느냐에 의해 결정되는 것이 아닙니다. 그보다는 지금 이 순간 아이에게 어떤 환경을 만들어주고 있느냐에 따라 결정됩니다.

  

# 22

# 신체운동지능이 높은 아이가 창의력도 높다

## 신체활동이 몸과 마음의 지능을 고루 높여준다

대개 지능이라고 하면 두뇌의 지능을 뜻한다고 생각하지만, 사실은 우리의 몸도 지능을 가지고 있습니다. 몸이라는 것도 결국은 두뇌의 명령을 통해 움직이는 것이기 때문입니다.

특히 어릴 때는 몸을 많이 움직일수록 두뇌 자극이 활성화됩니다. 지능이라는 것은 몸과 따로 떨어져 있는 것이 아니라 활동성, 근육의 힘, 반사 신경, 내장기관, 지각 능력과도 밀접하게 연결되어 있습니다. 이러한 몸의 능력이 고루 계발되어 외부 자극에 왕성하게 반응할 수 있는 아이는 두뇌활동도 더욱 활발해집니다.

어린 시절에 많이 뛰어놀아야 한다는 말에는 이와 같은 과학적 근거가 있음을 알 수 있습니다.

체격이 열등하거나 건강상의 문제, 혹은 핸디캡이 있더라도 어릴 때 어떻게 단련시키고 계발시키느냐에 따라 얼마든지 달라질 수 있습니다. 체격과 운동능력이란 유전의 영향을 받는 부분도 있지만 다른 그 어떤 분야보다도 후천적 환경에 의해 영향을 크게 받습니다. 따라서 어릴 때 신체활동을 많이 하게 도와주는 것은 단순히 몸을 위해서만이 아니라 두뇌능력 계발에도 결정적인 도움을 줍니다.

## 신체운동지능 향상은 아이들의 성장발달에 긍정적인 영향을 끼친다

신체운동지능이란 우리의 몸과 머리가 얼마나 협력을 원활하게 하느냐를 의미합니다. 신체와 두뇌의 상호작용이 잘 될수록 집중력과 인내심, 순발력, 유연성, 무엇보다도 창의력이 높아집니다. 즉 다른 영역의 지능에도 두루 영향을 끼칩니다. 그래서 어려서부터 신체운동지능을 계발시킨 아이는 몸과 마음이 골고루 성장하여 다양한 분야에서 잠재력과 독창성을 드러냅니다.

신체운동지능이 높은 대표적인 예가 운동선수입니다. 뛰어난 운동선수는 단순히 신체기능만 좋은 것이 아니라 머리도 좋은 경우가 대부분입니다. 주도면밀하게 계획하고 계산하고 작전을 짜고 예측을 할 수 있어야 상대편을 이기거나 기록을 올릴 수 있기 때문입니다.

몸을 통해 인간의 희로애락을 예술적으로 표현하는 무용수, 뛰어난 손재주로 남들이 생각하지 못한 아이디어를 내고 작품을 만들어내는 미술가와 공예가, 악기를 다루는 남다른 감각과 감성으로 사람들을 감동시키는 음악가, 다른 사람의 인생을 얼굴 표정과 온몸으로 재창조해 그려내는 배우, 두뇌의 지식과 손끝의 감각이 한 치의 오차 없이 협력해야 하는 외과의사 등 신체운동지능의 영역은 생각보다 다양하고 무궁무진합니다.


## 몸과 마음과 머리가 고루 발달한 아이가
## 다른 지능도 높다

아이들이 많이 배우는 태권도는 몸과 마음의 조화로운 발달을 도와주는 대표적인 운동입니다. 단순히 힘을 쓰는 것이 아니라 정신을 한 곳에 집중해 발차기를 하듯이 두뇌와 신체가 하나가 되어야 하는 것입니다.

요즘 아이들은 몸과 머리가 고루 발달되기 어려운 환경에서 자라나고 있습니다. 너무 어릴 때부터 사교육과 선행학습에 내몰리고, 또래 친구들과 밖에서 뛰어놀기보다는 하루의 대부분을 학교와 학원의 책상 앞에 앉아 있을 것을 요구받습니다. 스마트폰과 컴퓨터게임에 중독된 아이들은 몸을 움직이거나 몸으로 표현하는 능력이 쇠퇴할 수밖에 없고, 무엇보다도 타인과 소통하고 교류하는 방법도 제대로 익히기 어렵습니다.

반면 조금이라도 산만하거나 활동력이 남다른 아이들은 주의력 결핍 과잉행동장애(ADHD)라는 병명을 붙이고 치료를 요하는 환자 취급하는 경우도 있습니다. 달리 생각해 보면 에너지가 넘치고 몸을 움직이는 것을 좋아하는 아이일지도 모르는데 말입니다.

미국의 세계적인 영화감독 스티븐 스필버그라든가 독특한 개성과 캐릭터로 유명한 영화배우 짐 캐리도 어린 시절 한때는 ADHD(주의력 결핍 과잉행동장애)가 있는 문제아 취급을 받았던 것을 떠올려 본다면, 아이들의 창조적인 에너지를 신체운동지능으로 승화시키는 것이 얼마나 중요한지를 알 수 있을 것입니다.

우수한 아이란 그저 책상 앞에 얌전히 앉아있거나 학교 성적만 높은 아이를 의미하지는 않습니다. 두뇌와 신체가 골고루 발달한 아이, 자신의 감정을 몸으로 표현하고 남과 소통할 줄 아는 아이, 타고난 에

너지를 자신만의 창의적인 방식으로 표출할 줄 아는 아이가 차세대
의 진정한 인재입니다.

# 꼭* 짚고나가기

## [ 1. '다중지능이론' 이란? ]

미국의 심리학자 하워드 가드너 박사는 사람의 다양한 능력이 아이큐테스트만으로는 제대로 평가될 수 없다고 주장하면서 '다중지능이론' 을 펼쳤습니다. 다중지능이론이란 모든 사람은 8가지의 다양한 지능을 가지고 있다는 이론으로서, 그 8가지에는 언어지능, 음악지능, 논리수학지능, 공간지능, 인간친화지능, 자기성찰지능, 자연친화지능, 그리고 신체운동지능이 있습니다. 사람은 이 8가지 지능 중 남보다 우월하게 잘하는 분야가 각각 다르기 때문에 단지 아이큐 지수나 학교 성적이 높지 않다 해서 소위 열등생으로 분류해서는 안 된다는 것입니다.

8가지 지능의 구체적인 특성은 다음과 같습니다.

### 1. 언어지능

- 어려서부터 언어능력이 남다르고 낱말에 대한 관심이 높습니다. 읽기, 쓰기, 말하기에 관심이 많고 모국어 맞춤법이나 외국어 습득에 대한 감각도 뛰어난 편입

니다.

### 2. 음악지능

- 노래 부르기라든가 악기연주에 관심과 재능을 크게 보입니다. 멜로디, 리듬, 음률에 대한 감각이 뛰어나고 음을 구분하는 능력도 뛰어납니다. 드물지만 절대음감을 타고나는 경우도 있습니다.

### 3. 논리수학지능

- 숫자나 과학에 유독 관심을 보입니다. 숫자를 이해하고 수의 패턴을 사고하는 능력이 뛰어납니다. 수수께끼, 과학 실험, 암호 풀기 등을 즐기는 성향이 있습니다.

### 4. 공간지능

- 디자인이나 설계 같은 공간 감각이 남다릅니다. 상상한 것을 그림으로 옮기는 것을 좋아하며 설계, 사진, 지도, 공간의 구조 등에 관심이 많습니다.

### 5. 인간친화지능

- 흔히 '골목대장'으로 부르는 것처럼 유난히 친구가 많고 또래활동에서 앞장서는 경우입니다. 전교회장을 하거나 또래 모임에서 두각을 나타내는 경우가 많고 집단의 리더가 되는 자질이 뛰어납니다.

### 6. 자기성찰지능

- 자신의 감정과 미래에 대한 성찰능력이 우수한 아이입니다. 자기 자신을 돌아보며 일기 쓰는 것을 좋아하고 미래를 계획하려 하며, 앞날에 대한 목표를 세우고 실천하려 하는 의지력이 남다른 경우입니다.

### 7. 자연친화지능

- 자연과 환경을 탐구하는 일에 관심이 많습니다. 동식물, 광물을 관찰하는 일에 관심이 많고 야외활동을 좋아하기도 하며 뭔가를 기르고 가꾸고 관찰일기를 쓰는 것도 좋아합니다. 환경운동에 남다른 관심을 보이기도 합니다.

### 8. 신체운동지능

- 몸을 움직이거나 표현하는 재능이 뛰어납니다. 자신이 표현하고자 하는 것, 혹은 머릿속의 지식을 몸 전체나 손의 기술로 승화시킵니다. 운동선수나 무용수, 연기자, 공예가 등을 꿈꾸는 경우가 많습니다.

## [2. 인간친화지능을 높여야 하는 이유]

하워드 가드너 박사의 '다중지능이론' 중 하나인 '인간친화지능' 이란 사람들과 어울리고 남을 이해하는 능력을 뜻합니다. 이는 특히 21세기 사회가 요구하는 타인과의 공감능력 및 글로벌시대의 소통능력과 직결되는 분야입니다.

감성지능(EQ) 이론을 정립한 것으로 유명한 하버드 대학의 심리학 교수 다니엘 골맨은 인간의 사회가 아이큐가 낮은 사람이 아이큐가 높은 사람들을 지휘하는 구조라고 이야기한 바 있습니다. 이는 사회적 리더의 위치에 있는 사람들이 반드시 아이큐가 가장 높은 사람이 아니라 감성지능과 인간친화지능이 높은 사람들인 경우가 많다는 것을 시사 합니다.

어느 사회에서든 리더십을 발휘하는 사람은 인간친화지능이 뛰어난 사람입니다. 이는 공동체 사회에서 남을 이해하고, 타인에 대해 공감하고, 분쟁과 다툼을 조정하고, 사회를 이끄는 역할을 잘 할 수 있음을 의미합니다. 남을 위해 봉사하고, 개인의 이익보다 공동의 이익을 생각하는 이타적 사고를 하며, 이를 통해 그 사회를 더 나은 사회로 개선시키는 데 앞장설 수 있는 능력도 인간친화지능에 해당됩니다.

인간친화지능이란 나와 다른 문화를 지닌 사람들의 관심사가 무엇인지, 그리고 서로 다른 사람들이 협력하기 위해서는 어떻게 해야 하는지에 대해 진취적인 의견을 내놓을 수 있는 사람을 뜻하기도 합니다. 즉 남보다 위에 군림하는 통치자가 아니라 사회와 세계를 더 좋은 방향으로 변화시킬 수 있는 인물을 가리킵니다.

한국 사회는 더 이상 폐쇄적인 단일민족국가가 아니라 글로벌 국가이자 다문화 사회로 변화되고 있습니다. 지금은 변화의 기로에 서 있는 과도기의 시기이기도 합니다. 그래서 앞으로는 혼자 잘 나고 똑똑한 독선적인 사람보다는 타인과 소통하고 다른 문화를 폭넓게 이해할 수 있는 사람이 리더가 될 수밖에 없습니다.

인간친화지능이 높을수록 융합과 소통을 통해 자신의 재능을 마음껏 발휘할 수 있으며, 한국 내에서뿐만 아니라 지구촌 전체를 무대 삼아 활약할 수 있습니다.


## [ 3. 손을 사용한 놀이가 창의력을 발달시킨다 ]

아기들은 태어나서 8개월쯤 되면 손가락을 자유자재로 움직여 물건을 집을 수 있게 됩니다. 그래서 한창 자라나는 어린 아이들은 종이를 마구 찢거나, 장난감을 집고 마구 휘저어 놓거나, 크레용을 쥐고 이리저리 낙서를 하는 것을 좋아합니다.

자유자재로 그림을 그리고 낙서를 하면서 자기가 그린 것을 부모에게 자랑하기도 하고, 어른 눈에는 낙서로 보이는 것일지라도 그것이 무엇을 그린 것인지에 대해 열심히 설명하기도 합니다.

이처럼 손과 손가락을 사용한 놀이들은 아이들의 표현 욕구를 충족시켜줄 뿐만 아니라 손가락의 정교한 움직임을 통해 두뇌를 발달시킬 수 있습니다. 그래서 영유아 시기의 자녀를 키우는 집은 지나치게 티끌 하나 없이 말끔한 것보다는 어느 정도 지저분한 것이 자연스럽기도 하고 그것이 아이에게 더 바람직합니다.

아이들은 질서보다는 무질서, 정리된 것보다는 혼돈을 만드는 가운데 자기 나름의 상상력을 발달시키기 때문입니다.

## 종이 찢기 놀이와 카드 쌓기 놀이

창의력과 상상력을 계발시키는 모든 놀이의 중심에는 손과 손가락을 사용한 다양한 놀이들이 있습니다. 손가락을 사용해 크레파스나 연필을 쥐고 낙서를 하는 것, 종이를 갈기갈기 찢거나 어떤 모양을 만드는 것을 야단치기보다는 마음껏 할 수 있도록 해야 합니다.

예를 들어 신문지와 종이 찢기 놀이는 유아들의 손의 주의력을 키우는 데 도움이 됩니다.  신문지나 종이를 길게 찢도록 하고, 다 찢은 신문지로 좁은 길과 넓은 길을 만들어보도록 해 봅니다. 신문지가 끊어지지 않게 찢는 동안 손의 기민성과 판단력, 주의력을 키울 수 있습니다.

또 하나의 예로 카드 산 쌓기 놀이가 있습니다. 카드 두 장의 끝을 맞대어 산을 세우도록 합니다. 카드가 잘 세워지지 않을 경우 책으로 양쪽 끝을 잘 받쳐서 세우기 쉽도록 하고, 놀이를 하는 동안 점차 책을 사용하지 않도록 유도합니다. 섬세한 손동작과 함께 손과 눈의 협응력이 발달하고, 무너지는 산을 바로 잡으면서 고도의 집중력과 인내력이 길러집니다.

## 촉감 자극 놀이와 조립 놀이

딱딱한 것과 말랑말랑한 것, 거친 것과 부드러운 것 등 다양한 물질의 촉각을 손끝으로 직접 만져보고 느껴보게 하는 것도 오감을 발달시키는 데 큰 도움이 될 수 있습니다. 부모들이 많이 활용하는 촉감 놀이책도 도움이 되지만 집안의 다양한 사물들을 부모와 함께 느껴보고 만져보는 시간을 갖는 것이 좋습니다.

또한 유아교육 전문가들의 이야기에 따르면 무엇보다도 아이들의 창의력 계발에 도움을 주는 것은 보기 좋은 완제품보다는 뭔가 아이의 손으로 조립해서 완성해 나갈 수 있는 놀잇감이라고 합니다.

실제로 부모 눈에 그럴 듯해 보이는 비싼 장난감을 사주어도 아이들은 그것을 부수거나 망가뜨린 후 자기만의 방식으로 재조립하는 것에 더 흥미를 보이기도 합니다. 미완성의 어떤 것에 자기만의 상상력을 더해 만들어나가는 과정에서 두뇌가 발달하는데, 이것이 아이의 지적 욕구를 크게 자극하는 것입니다.

이를 위해서는 손을 사용해 조립할 수 있는 장난감, 뚜껑을 여닫거나 버튼을 누를 수 있는 입체적 장난감이 이미 완성되어 있는 장난감보다 도움이 됩니다. 손을 많이 움직여 형체를 만들 수 있는 점토 놀이나, 평면의 종이로 입체적인 모양을 만드는 종이접기 놀이 등도 창의성을 자극합니다.

덧붙이자면 아이가 손으로 놀이를 할 때 오른손잡이 훈련을 시키기 위해 일부러 제약을 가하기보다는 양손을 마음껏 사용할 수 있도록 하는 것이 좌뇌와 우뇌가 고른 발달에 도움이 됩니다.


## [ 4. 8세 이전의 주입식 교육은 두뇌 발달을 더디게 한다 ]

21세기의 디지털 사회는 창의력과 사고력, 직관력과 친화력 뛰어난 인재를 요구합니다. 이는 좌뇌와 우뇌가 골고루 발달되어야 함을 의미합니다.

일반적으로 좌뇌는 언어능력, 논리력, 수리력, 분석력, 이성적 사고를 담당하며 신체적으로는 우리 몸의 오른쪽을 담당합니다. 우뇌는 감각적 능력, 공간지각력,



황금률 교육법 5  아이의 능력을 성장시키는 최고의 양육법은?

창의력, 직관력, 예술적 감성 등을 담당하며 신체적으로는 우리 몸의 왼쪽을 담당합니다.

뇌 과학자들에 따르면 인간이 성장하면서 영유아와 취학 전 유치원 시기, 즉 8세 이전까지는 주로 우뇌의 발달이 크게 이루어지고 그 이후에는 좌뇌의 발달이 이루어진다고 합니다. 그래서 학교에 입학하기 전에는 손과 신체를 고루 사용하는 자유로운 놀이를 통해 근육과 우뇌를 발달시킬 수 있는 활동을 하는 것이 효과적입니다. 그리고 8세 이후, 즉 초등학교에 입학한 이후에는 학교 교육과 학습을 통해 좌뇌의 발달이 이루어지는 것이 인간의 자연스러운 두뇌 발달과도 맞물리는 것입니다.

그런데 우리나라의 어린이들은 조기교육과 선행학습, 너무 일찍부터 실시하는 사교육 등으로 인해 8세 이전부터 좌뇌 발달에만 치중하는 경향이 강합니다. 실제로 최근 한 심리연구기관에서 실시한 검사 결과에 의하면 우리나라의 유아들은 좌뇌 지수, 즉 수리력과 언어, 논리력은 비교적 높은 반면 우뇌 지수, 즉 직관력, 공간지각력은 현저히 떨어진다고 합니다.

이는 너무 어릴 때부터 학습지와 선행학습을 과도하게 시킴으로써, 정작 우뇌를 발달시켜야 할 시기에 좌뇌를 혹사시켰음을 의미합니다. 이 연구기관에서는 우리나라 미취학 어린이의 70% 가량이 좌뇌형인 것으로 추정된다는 결과를 발표했습니다.

이처럼 지나친 좌뇌 발달 위주의 사교육으로 인해, 아이들은 정작 학교에 입학한 뒤 본격적으로 좌뇌를 발달시켜야 할 시기부터는 공부에 흥미를 잃고 공부를 지겨운 것으로 인식한다는 것입니다.

따라서 영유아에서 유치원 시기에는 지나친 주입식 교육을 자제하는 것이 아이들의 고른 두뇌 발달에도 도움 됩니다. 이 시기에는 장난감 가지고 놀기, 손을 사용해 놀기, 왼손과 오른손을 고루 사용해 놀기, 그림 그리기, 소꿉장난 등의 역할 놀이, 음악 듣기 등을 통해 우뇌를 계발시키는 것이 좋습니다.

## [ 5. 아이들의 성적 놀이는 잘못된 것이 아니다 ]

어린 아이들의 발달과정 중 자연스럽게 일어나는 현상 중 하나가 성적인 관심, 혹은 성기를 통한 유희입니다. 많은 부모들은 이런 현상 앞에서 크게 당황하여 아이를 큰소리로 야단치거나 놀라는 경우가 많은데, 부모의 꾸중은 아이에게 수치심과 불안감만을 안겨줄 수 있습니다.

아이가 자신의 성기를 만지며 논다든지 소파나 바닥, 다른 물건에 성기를 비비며 노는 행동은 자신의 몸에 대한 관심과 자아가 싹트는 시기에 일어나는 자연스러운 현상의 하나입니다.

만약 이런 현상이 지나치다고 여겨진다면 일반적으로 그것은 아이가 마음속에 불만이나 불안, 질투심, 애정결핍 등이 내재되어 있기 때문이므로 부모의 꾸중보다는 관심과 사랑이 필요합니다. 무시당하거나 사랑받지 못한다고 느낄 때, 마음이 허전하고 외로울 때 자신의 몸을 통해 쾌감을 맛보려고 하는 것이기 때문입니다.

이럴 때는 아이를 큰 소리로 야단쳐 놀라게 하지 말고, 다른 행동이나 놀이로 자연스럽게 유도하는 것이 좋습니다. "이 놀이를 해볼까?" "이것 좀 먹어볼까?"

하면서 관심을 다른 곳으로 환기시키는 것입니다.

그리고 아이 마음속의 욕구불만, 갈등, 속상함 같은 정서 상태를 주의 깊게 바라

봐야 합니다. 또한 땀을 흘릴 수 있을 정도의 활동적인 놀이, 부모와 함께 할 수

있는 역동적인 놀이를 많이 하도록 도와주어야 합니다.

황금률 교육법

# 부모가
# 변하면
# 아이도 변한다

아이를 가슴으로 키우는 자녀교육은 부모 자신이 변화의 필요성을 자각하고

실천하는 데서부터 시작된다. 변화란 거창한 것을 일컫는 것이 아니라 일상생활 속에서

자녀를 대하는 마음가짐과 태도를 어떻게 바꾸느냐에 있다.

이를 실천하기 위해서는 아이에게 하는 말 한 마디부터 달라져야 한다.

아이와 공감하고 소통하는 대화법을 알고 야단칠 때도 아이를 배려하는 지혜를 발휘한다면

부모뿐만 아니라 아이도 점차 변화할 수 있다.

# 23

# 말 한 마디로 아이를 달라지게 하는 공감대화법 5가지

## ① 경청과 맞장구

"오오, 그런 일이 있었구나."

"정말? 우와, 엄청 재미있었겠네."

"저런, 얼마나 속상했니?"

"그래서 어떻게 되었어?"

사람은 누구나 자신의 말에 귀를 기울여주는 사람에게 마음을 열게 되어있습니다. 하물며 아이들이 하는 말에 부모가 어떤 반응을 보이느냐에 따라 아이의 자아존중감이 높아질 수도 있고 반대로 사랑받지 못한다고 느낄 수도 있습니다.

아이의 말을 들어주기 위해서는 아이와 눈을 맞추고 귀를 기울여야 할 뿐만 아니라 적절히 맞장구를 쳐주며 풍부한 리액션(reaction)을 보이는 것이 중요합니다. 아이가 하는 이야기가 어른에게는 사소하고 별 것 아닌 것일 수도 있지만, 어떤 이야기를 하더라도 고개를 끄덕여주고, 감탄하고, 필요할 때는 질문을 던지기도 하고, 조금 과장해서라도 감탄사를 연발해주는 것입니다.

판소리를 할 때 고수가 추임새를 잘 넣어줘야 명창의 기량이 더욱 빛난다는 '일고수이명창' 이라는 말처럼, 아이의 적극성을 살려주고 자신감을 불어넣어줄 수 있는 추임새는 다른 누구보다 부모가 제일 잘 할 수 있습니다.


## ② 칭찬과 격려


"엄마 아빠가 너를 정말 사랑해."
"이만큼 노력하다니 정말 자랑스럽구나."
"잘했어. 최고야."
"화이팅!"
"다음엔 더 잘하겠네!"

칭찬을 자주 받고 자란 아이는 그렇지 못한 아이에 비해 창의력과 자신감, 감수성이 훨씬 뛰어납니다. 칭찬, 격려, 그리고 감사의 표현을 부모로부터 자주 들을수록 의욕이 넘치는 아이가 되며 자기 할 일을 스스로 알아서 하려 듭니다.

결과보다는 과정을 칭찬해주고, 아이의 노력과 의지를 읽어내어 '부모가 너를 인정해주고 있다.' 라는 메시지를 전달해주시기 바랍니다. 칭찬 받고 자란 아이는 자기 인생에 대해 결정할 줄 알고 매사에 능동적으로 임하게 됩니다.


## ③ 솔직한 감정표현


"그때 마음이 어땠어? 많이 슬펐어?"
"괜찮아, 그럴 땐 엄마(아빠)도 무서웠을 거야."
"왜 화가 났는지 엄마(아빠)에게 이야기해 볼래?"


예전에는 자신의 감정을 무조건 숨기고 억제하는 것이 미덕이었지만, 이제는 감정표현에 솔직하고 감성 리더십이 뛰어난 사람이 어느 분야든 더 인정받는 시대입니다.

여기서 감정표현에 솔직하다는 것은 울고 분노하고 짜증내는 감정들을 여과 없이 토해내라는 의미가 아닙니다. 오히려 자신의 감정을 직시할 줄 알고 자신이 지금 어떤 상태이며 왜 그런 감정에 빠졌는지 말로 표현하며 대화할 수 있는 능력을 뜻합니다.

예를 들어 아이가 떼를 쓰거나 울 때 무조건 윽박지르고 야단치는 것이 아니라, 아이가 왜 떼를 썼는지 그 이유를 설명하고 표현할 기회를 준 다음, 아이의 입장이 되어 이해와 공감을 표해주는 것입니다. 또한 그 상황에서 부모의 감정은 어땠는지에 대해서도 동등한 눈높이에서 아이에게 이야기를 해주는 것입니다.

감정표현에 솔직하고 능숙해지도록 교육을 받은 아이들은 감성과 이성의 균현 잡힌 성장발달을 이룰 수 있고, 타인을 이해하는 폭도 커집니다. 또한 감정표현에 솔직할수록 오히려 자신의 감정을 절제할 줄 아는 사람이 됩니다.


## ④ 타인에 대한 공감


"그걸 갖고 싶은 너의 기분은 충분히 알겠어. 하지만 다른 친구가 네 장난감을 빼앗아간다면 네 기분도 좋지 않겠지?"

"누군가가 너를 아프게 하면 너도 싫고 아프지 않겠니?"

앞으로의 사회는 혼자만의 능력으로 독주해서 잘 사는 것이 아니라 타인을 이해하고 소통하는 능력이 뛰어난 사람이 인정받는 사회입니다. 그래서 자신의 감정을 잘 표현하는 만큼 타인의 감정에도 높은 공감능력을 보이고 남을 배려할 줄 아는 사람이 실력을 더 발휘할 수 있습니다.

공감능력이 높은 아이로 키우기 위해서는 부모 자신부터 서로를 이해하고 공감하며 많은 대화를 나누는 부부가 되어야 합니다. 또한 아이 앞에서 남의 험담을 하는 모습을 자주 보이지 말고, 남의 장점과 좋은 점을 더 칭찬하는 습관을 들이는 것이 좋습니다.

약자에게는 측은지심을 갖게 하고 부모님께 효도하고 어른을 공경하며 남을 돕고 봉사하는 행동을 아이와 함께 실천하는 것도 좋은 방법입니다.

## ⑤ 부모의 잘못 먼저 사과하기

"엄마(아빠)가 너의 상황을 미처 몰랐구나. 미안하다. 용서해 주렴.”



예전의 부모들은 자식 앞에서 권위만 앞세우는 경향이 있었습니다. 그래서 자녀에게 화를 냈다가 그것이 부모의 실수인 것으로 밝혀졌을 때도 그냥 얼렁뚱땅 넘어가곤 했습니다.

하지만 부모가 잘못했을 때 대충 넘어가는 모습을 보이면, 아이도 자기가 잘못했을 때 대충 넘어가도 된다고 인식하게 됩니다. 또한 부모의 그런 태도에 부당함을 느끼고 반항심을 가질 수도 있습니다. 그때부터 웃어른에 대한 존경심은 사라지고, 어른의 말을 듣지 않으려고 합니다.

부모로서의 진정한 권위는 부모 자신이 먼저 공명정대하고 솔직한 모습을 보일 때 생깁니다. 잘못했을 때는 아무리 부모일지라도 즉각적으로 잘못을 시인하고, 진심어린 태도로 아이에게 사과를 하는 것이 좋습니다.

아이에게 사과한다고 해서 부모의 권위가 떨어지는 것이 아니며,

아이는 그런 부모의 태도에서 진심을 읽어냅니다. 그리고 자신이 잘 못했을 때 스스로 먼저 사과하고 개선할 줄 아는 아이가 됩니다.

**24**

—

# 화내지 않고 효과적으로 야단치는 11가지 방법

## ① 감정에 휘둘리지 말자

(×) "넌 왜 애가 이 모양이니? 몇 번을 말해야 알아들어?
내가 못 살아."

(○) "너도 속으로 알고 있었는데 깜빡 잊은 거지? 엄마(아빠)도
알아. 하지만 그런 행동은 잘못된 거니까 다음부터는 하지
말도록 하자."

부모들이 가장 많이 후회하면서도 가장 많이 저지르는 것이 바로
홧김에 감정적인 잔소리를 퍼붓는 것입니다.

부모도 부모이기 이전에 사람이기에, 아이가 부모 마음을 알아주지

않고 말을 듣지 않았을 때 욱하는 화가 치밀 수 있습니다. 하지만 입에서 내뱉어지는 대로 다그치고 나면 이내 자책감에 빠지곤 합니다. '왜 내가 좀 더 이성적으로 대하지 못했을까?' 하는 후회가 밀려오고, 아이에게 상처를 주고 만 자신이 한심하고 모자란 부모처럼 느껴지는 것입니다.

감정이 격앙된 상태에서 소리를 지르고 화를 내는 것은 아이에게나 부모에게 아무런 교육적 효과가 없습니다. 아이는 아이대로 자존감을 잃어버리고, 부모도 자신이 해서는 안 될 언행을 했다는 후회밖에 남지 않습니다.

아이를 야단치고자 할 때는 흥분이 어느 정도 가라앉은 다음이어야 합니다. 화가 나더라도 일단 그 화가 어느 정도 지나간 다음에 야단도 제대로 칠 수 있습니다. 또한 아이가 잘못한 순간에 당장 아이를 비난하며 화를 내기보다는 잠시 기다리는 것이 좋습니다. 그래야 부모의 감정도 진정되고, 아이도 스스로 자기의 잘못을 인식할 시간을 가질 수 있습니다.

격앙된 감정을 아이에게 여과 없이 분출시키지 말고, 자신이 지금 아이에게 무슨 말을 하고 있는지를 정확히 직시하고 있는 상태에서 야단을 쳐야 합니다.

우선 "네가 일부러 그런 건 아니었지?", "너도 속상해서 그랬다는 거 이해해.”와 같이 아이가 원래 나쁜 의도로 잘못을 저지른 건 아님을 부모가 알고 있다는 인정의 표현을 해주고, 그 후에 아이의 행동이 무엇이 잘못된 것인지 구체적으로 설명하며 훈육의 시간을 갖도록 해야 합니다.

## ② 일방적 잔소리보다 상호적 대화를 하자

아들이 중학교 때 춤 연습에 빠진 적이 있었습니다. 당시 인기를 끌던 ‘원타임’이라는 가수를 흉내 내어 머리에 수건을 두르고 늘 춤 연습을 하고 학교에서도 옥상에 올라가서 연습을 한다는 것이었습니다.

그 이야기를 듣고 걱정이 되었습니다. 그래서 아들이 왜 그 가수의 노래와 춤을 좋아하는지 이해하기 위해 그 가수의 노래를 계속 들어보았습니다. 그런데 듣다 보니 저도 그 노래가 좋아져서 자꾸 흥얼거리게 되는 것이었습니다. 그래서 아들에게 이렇게 말했습니다.

“그 가수들 노래 너무 잘하더라.”

그랬더니 아이가 눈을 반짝거리면서 “엄마, 노래 정말 좋지요?”라며 반가운 기색이 역력했습니다.

만약 춤에 빠진 아이를 걱정해 일방적으로 꾸중을 했다면, 저도 아이를 이해하지 못했을 것이고 아이도 부모가 자기 마음을 알아주지 않는다며 서운해서 마음의 문을 닫았을 것입니다. 하지만 아이를 이해하기 위해 아이 눈높이에 맞추고 다가가자 오히려 대화의 소재가 되고 소통의 기회가 되었습니다. 이처럼 자녀를 이해하기 위해서는 때로는 부모가 먼저 마음을 열고 아이 눈높이에 맞춰서 다가갈 필요도 있습니다.

흔히 잔소리라고 하는 것도 원래 그 시작은 아이를 위하고 아이의 행동을 개선시키고자 하는 부모 마음에서 비롯되었을 것입니다. 하지만 잔소리가 교육적 개선 효과를 불러오지 못하고 그저 아이의 귓등으로 흘러버리고 끝나는 가장 큰 요인은 '일방성'에 있습니다.

아무리 아이를 생각해서 하는 말이라도 그 마음이 아이 마음에 가 닿지 못하고, '네가 더 나아졌으면 좋겠다.' 라는 부모의 메시지가 전달되지 못하면 그것은 잔소리에 불과합니다. '나는 어른이고 너는 아이이니까 나는 무조건 옳고 너는 무조건 틀리다.' 라는 마음이 담겨 있으면 그것은 잔소리로 끝나고 맙니다. 일방적인 강요, 아이를 무시하는 마음, 그리고 지금 이 순간의 못마땅한 상황을 얼른 해결하고 지나가려는 조급함이 잔소리의 특징입니다.

반면 아이가 왜 그런 행동을 했는지 마음을 들여다보려 한다면 잔

   황금률 교육법 6 부모가 변하면 아이도 변한다

소리는 대화로 발전할 수 있습니다. '너는 이런 생각으로 이런 행동을 했구나. 하지만 엄마(아빠)는 이런 생각이란다.' 와 같이 아이와 소통을 시도하려 한다면 일방적 잔소리에서 상호적 대화로 발전할 수 있습니다.

아이의 잘못된 행동의 원인을 알아보고, 아이 입장에서 공감을 해주고, 그런 다음 부모의 생각과 입장을 전달하려 해야 합니다. 그러면 아이도 충분히 부모를 이해하고 자신의 행동을 개선하려 할 것입니다.


### ③ 부모가 먼저 모범을 보이자

아이를 야단치는 데 있어 가장 크게 설득력을 갖는 것은 열 마디의 잔소리보다 모범적인 행동입니다. 또한 가족끼리라도 서로에게 피해 주지 않으려는 마음을 갖게 하는 것이 좋습니다.

예전에 아이들에게 가족을 자동차 바퀴에 비유하는 이야기를 해준 적이 있습니다.

"자동차의 네 바퀴가 잘 굴러가야 차가 잘 달릴 수 있듯이 우리 네 가족이 모두 사고 없이 달리기 위해서는 각자의 역할을 잘 해야 다 같이 행복할 수 있단다."

그 후로도 저는 아이들에게 '가족이라면 서로 도움을 주는 관계여야 하고 누구 한 사람으로 인해 힘들게 되면 모두가 행복할 수 없다'는 이야기를 자주 해주었습니다. 어려서부터 이런 이야기를 자주 해주어서인지 제 아이들은 집안일을 누구 한 사람에게 떠넘기지 않고 서로 도와주려는 모습을 보여주었습니다.

열 마디의 말보다 한 번의 행동이 때로는 더 큰 교육 효과를 나타냅니다. 형제끼리 싸우지 말라고 잔소리하면서 정작 부모는 부부싸움을 하는 모습을 자주 보이거나, 군것질을 하지 말라고 하면서 부모는 과자를 입에 달고 살거나, 규칙을 잘 지키라고 하면서 부모는 아이 앞에서 버젓이 신호등을 무시한 채 길을 건넌다면, 부모가 어떤 말을 하더라도 권위가 서지 않을 것입니다.


## ④ 일관성을 지키고 원칙을 세워주자


야단을 칠 때 일관성과 규칙이 없으면 아이는 혼란에 빠집니다. 그때그때 상황에 따라 이랬다저랬다 하는 태도, 똑같은 행동을 했는데 그날 부모의 기분에 따라 넘어가기도 했다가 야단을 쳤다가 하는 변덕스러운 태도를 보이면 아이는 부모를 불신하고 정서적으로도 불안해합니다.

야단칠 때는 원칙을 정확하게 정해 두고 그 원칙에 따라 일관성 있게 야단을 치는 것이 좋습니다. 원칙은 부모가 일방적으로 지시하기보다는 아이와 함께 상의하여 아이 스스로 동의한 것이어야 합니다.

또한 한 번 세운 원칙은 예외 없이 반드시 지키게 하는 습관을 들여야 합니다. 매일 저녁 먹기 전에 장난감을 정리하기로 아이의 동의하에 원칙을 세웠다면, 오늘은 지켰다가 내일은 귀찮으니 다음으로 미루는 일이 없도록 해야 합니다. 원칙을 지키기 위해서는 아이가 떼를 쓰거나 억지를 부려도 엄격하게 훈육할 수 있어야 합니다.

## ⑤ 꾸중의 이유를 차근차근 설명하자

(×) "엄마가 이거 치우랬지! 왜 말을 안 들어!"

(○) "이렇게 장난감이 아무렇게나 어질러져 있으면 엄마가 맛있는 저녁을 만들기 어려울 것 같아. 이럴 때 우리 어떻게 하기로 했지?"

꾸중을 할 때는 꾸중하는 이유를 아이가 충분히 납득할 수 있어야
합니다. 부모 입장에서는 이유가 있어서 야단치는 것이라 할지라도,
아이 입장에서는 부모가 일방적으로 화를 내는 상황 자체가 억울하
고 야속하게 느껴질 수도 있습니다. 아이를 부모와 동등한 인격체로
인정하되, 부모가 생각한 것을 아직 아이는 미처 생각하지 못했을 수
도 있음을 아이 눈높이에서 바라봐주고, 야단치는 이유를 차근차근
설명해 주는 것입니다.

지시한 것을 아이가 반복적으로 지키지 않았을 때는 무조건 화를
내기보다는 다른 방법을 활용해볼 수도 있을 것입니다. 아이가 뭔가
를 계속해서 지키지 않는다면 아이 나름의 이유가 있을 수도 있기 때
문입니다. 그런 다음 부모의 의견과 아이의 의견을 교환해보는 시간
을 갖는 것이 좋습니다.


## ⑥ 잘못에 대한 책임을 스스로 지게 하자

아이가 뭔가를 잘못하거나 실수했을 경우, 대개 부모들은 그 상황
을 얼른 해결하기 위해서 부모가 대신 나서는 경우가 많습니다.

예를 들어 장난감을 반드시 정리하기로 했는데 아이가 그 규칙을

지키지 않았을 때, 당장 지저분하니까 그냥 부모가 치워주곤 합니다. 말로는 아이에게 짜증을 내고 화풀이를 하면서 행동으로는 아이의 할 일을 부모가 대신 해주는 버릇을 들이는 것입니다. 하지만 이렇게 자꾸만 부모가 대신 치워준다면 아이는 매사에 자기 잘못을 부모가 항상 해결해주고 책임져줄 것이라고 인식하게 될 것입니다.

만약 아이의 잘못으로 준비물을 빠뜨렸다거나, 지각을 했거나, 물건을 잃어버렸다면 아이에게 책임을 지도록 하는 것이 좋습니다.

게으름을 피워 피해를 입었다면 그것은 부모 잘못이 아닌 자신의 잘못임을 인지하도록 하고, 아이 자신의 부주의로 인해 물건을 분실했다면 아이의 용돈에서 차감하는 식으로 책임지는 버릇을 들이도록 합니다.

일어나서 바로 이불을 개기로 했는데 개지 않고 학교에 갔다면, 어머니가 대신 개켜주고 아이에게 화를 내기 보다는, 차라리 이불을 개지 않은 잠자리를 그대로 두는 것입니다. 그리고 아이가 집에 돌아왔을 때, 이불을 개지 않은 아이 자신의 행동으로 인해 지저분해져 있는 침대의 모습을 보여주고 "자, 네가 정리하기로 한 것이니 네가 해라." 라는 한 마디로 스스로 정리하게끔 권유합니다.

전날 밤 늦게 잠자리에 들었다가 아침에 늦잠을 자서 지각을 하고 학교에서 선생님께 꾸중을 들은 아이가 "왜 안 깨워줬어?"라며 어머니에게 짜증을 낼 수도 있습니다. 그러나 이런 경우에도 "밤에는 반드시 몇 시 전에 잠자리에 들기로 했는데 네가 지키지 않아서 늦잠을 잤고, 엄마가 깨워줬는데도 네가 일어나지 않았잖아. 그건 너의 책임이야."라는 단호한 말로 아이의 책임을 인식시켜주는 것이 좋습니다. 부모가 허둥지둥 아이를 챙겨주고 학교에 빨리 데려다 준다거나, 선생님께 대신 사과를 하거나 하는 것은 오히려 교육적으로 역효과를 낳을 수 있습니다.

부모가 모든 것을 해결해주려 하면 아이는 커서도 부모에게 의존하는 습관을 버리지 못합니다. 반면 부모가 한 발 물러나 아이로 하여금 해결하도록 하면, 당장은 잘 지켜지지 않고 답답해 보일지 몰라도 아이들은 자신의 행동에 대해 책임을 지는 법을 점차 알게 될 것입니다.

아이들이 어렸을 때 잠들기 전과 일어날 때 항상 음악을 들려주었습니다. 그리고 아이들이 고등학교에 다닐 때 귀가시간이 늦다보니 아침에 일어나기 힘들어 하는 것 같아서 일어나는 시간에 맞춰 아이들 방으로 가 아이의 등을 만져주고 발을 만져주며 천천히 잠에서 깨도록 해주었더니 기분 좋게 일어나 "엄마, 감사합니다!" 하며 기분 좋게 일어나는 모습을 보며 행복했던 기억이 납니다.

부모는 사랑과 감동을 주면서 아이들과 함께할 때 행복할 수 있다고 생각합니다.

## ⑦ 구체적인 방법을 제시하고, 지켰을 땐 칭찬하자

(×) "누가 이렇게 어질러 놓으랬어? 응?"
(○) "장난감을 이렇게 어질러 놓으면 잘못하다가 발에 걸려서
　　부서지거나 망가질 수도 있지 않을까? 다 가지고 놀았으니
　　원래 있던 자리에다가 이렇게 놓아두자."

왜 야단을 치는지 납득시킨 다음에는 아이가 무엇을 어떻게 해야
하는지 구체적으로 방법을 설명해줘야 합니다. 설명은 명확해야 하
며, 처음에는 부모가 같이 도와주면서 시범을 보이다가 점차 도와주
는 횟수를 줄이면서 아이 혼자 할 수 있게 합니다. 설명하지 않아도
당연히 알 거라 생각하지 말고, 방법을 자세히 일러주거나 대안을 제
시해주는 것이 좋습니다.

그리고 아이가 부모의 가르침을 실천에 옮겼을 때는, 처음엔 조금
서툴고 부족해 보이더라도 반드시 칭찬을 해주도록 합니다. 칭찬을
할 때는 막연히 "착하네." "잘했다."라는 말보다는, "오늘은 청소하는
것을 도와주다니 참 기특하네."와 같이 아이가 무엇을 잘했는지 그
행동을 구체적으로 거론하며 칭찬하는 것이 더 효과적입니다.

## ⑧ 아이의 자존심을 지켜주자

아무리 어린 아이라 하더라도 존중 받아 마땅한 하나의 인격체로 대우해주어야 합니다. 다른 친구들이나 어른들이 많은 곳에서 공개적으로 야단을 치기보다는 공공장소를 피해 일대일로 훈육을 하는 것이 좋고, 형제를 야단칠 경우에도 한꺼번에 야단치기보다는 한 명씩 불러 그 아이 나름의 상황을 이해하며 대화를 나누는 것이 좋습니다.

아이가 수치심이나 무시당하는 기분을 느낀다면 야단을 치지 않느니만 못할 것입니다. 아무리 아이가 잘못해 꾸중을 할지라도 아이의 자존감에 상처를 내지 말고 인간으로서의 자존심을 지켜줄 수 있어야 합니다.


## ⑨ 긍정적인 표현법을 쓰자

(×) "넌 왜 항상 그 모양이니? 왜 그 버릇을 못 고쳐?
구제불능이다."

(○) "지난번보다 훨씬 잘했네? 다음엔 조금 더 잘할 수 있겠다."

아이들에겐 꾸중보단 칭찬이 효과적이고, 부정적인 표현보다는 긍정적인 표현이 훨씬 더 효력을 발휘합니다. 부정적인 표현법으로 아이를 제압하려 하지 말고, 긍정적인 표현법으로 아이의 행동을 개선시키려 하는 것이 좋습니다.

부모의 부정적인 표현 앞에서 아이는 자존심이 상하고, 반감을 갖고, 스스로에 대해서도 부정적인 인식을 갖게 됩니다. 반면 같은 행동에 대해서도 긍정적이고 개선의 여지가 있는 것 같은 표현을 해주면 아이도 자신에 대해 긍정적인 인식을 갖고 스스로 더 잘해보려는 의지를 가지게 됩니다.

또한 '또 이걸 정리하지 않았구나.' 와 같이 아이가 잘못했다는 것을 부정적인 말로 지적만 하기보다는, '네가 우리 집의 장난감 정리 담당을 하면 아주 잘 할 것 같아.' 와 같이 긍정적인 실천을 유도하는 것이 좋습니다.


## ⑩ 훈육이 필요할 땐 단호하게 하자

자녀를 키우다 보면 정말 단호한 가르침과 꾸중이 필요한 경우도 있을 수 있습니다. 부모에게 무작정 억지를 부릴 때, 공공장소에서 울고 떼를 쓰며 자신이 원하는 것을 얻어내려고 할 때, 부모나 어른에게 무례한 말을 할 때, 어른에게 무심코 비속어를 사용할 때 등이 그런 경우입니다. 또한 부모에게 거짓말을 한다거나, 친구의 물건을 빼앗는 등 해서는 안 될 행동을 할 때에도 반드시 훈육이 필요합니다.

아이가 떼를 쓰거나 무례한 언행을 할 때는 우선 그 아이 자신도 감정적으로 격앙되어 있거나 잔뜩 화가 나 있는 경우가 많습니다. 그럴 때는 아이의 흥분이 잦아들 때까지 잠시 기다려주는 것이 좋습니다.

냉정한 태도를 보이며 일단 기다려 주면, 아이도 자신의 좀 전의 말이나 행동이 잘못되었다는 것을 어느 정도 인지하게 됩니다. 그런 상태가 된 다음에 "너를 사랑하지만 그런 말을 하는 것은 옳지 않아.", "네가 겁이 나서 그랬다는 거 안다. 하지만 거짓말은 나쁜 거야."와 같이 정확히 짚어서 이야기해주어야 합니다.

남의 것을 빼앗거나 도덕적으로 옳지 못한 행동을 했을 때는 조금 냉정하더라도 아이가 잘못에 대한 책임을 직접 지도록 해야 합니다. "친구의 장난감을 빼앗는 건 옳지 못한 행동이야. 당장 돌려주고 미안하다고 말해주자."와 같이 단호하게 말해주고, 곧바로 사과하도록 해야 합니다.

이처럼 꾸중이 필요할 때는 냉철하게 하되, 아이의 인격을 비난하고 공격하는 것이 아니라 아이 행동의 그릇됨을 지적하며 개선시키

　황금룰 교육법 6　부모가 변하면 아이도 변한다

는 것이 좋습니다.


## ⑪ 끝낼 시점을 지키자

야단을 칠 때는 '유종의 미'를 거두는 것이 가장 중요합니다. 아무리 좋은 의도로 야단을 쳤더라도 같은 이야기를 계속 반복한다면 결국 듣기 싫은 잔소리에 불과해집니다.

부모가 가장 먼저 염두에 두어야 할 것은 인내심입니다. 한두 번의 꾸중에 아이가 완벽하게 지시사항을 따를 것이라 생각하지 말고, 오늘은 이쯤에서 꾸중을 마무리하자고 생각할 수 있어야 합니다.

아이가 처음에는 실천하지 못하거나 느리게 배울 수 있음을 알고, 한 번 이야기한 것이 독촉이 되지 않도록 해야 합니다. 야단친 것이 반복되고 독촉이 되면 아이는 더 이상 부모의 이야기를 귀 담아 듣지 않으려 합니다. 그리고 그 다음부터는 반발심만 가질 뿐입니다.

어디까지가 대화이고 어디서부터는 잔소리가 될지를 사실은 부모도 느낄 수 있습니다. 끝내야 할 시점이 언제일지를 염두에 두었다면 더 이상 같은 이야기를 되풀이하지 않도록 스스로를 자제하고 끝낼 시점을 반드시 지키도록 합니다.

**25**

# 아무리 화가 나도
# 이 말만은 절대 하지 말자

## ① 비난하는 말

"넌 왜 이리 한심하니?"

"대체 왜 이 모양이야?"

"나중에 커서 뭐가 되려고 이러니?"

"언제쯤 돼야 철이 들겠니?"

"넌 정말 구제불능이야."

아무런 대안 없이 덮어 놓고 비난하는 것만큼 아이를 좌절에 빠뜨리는 말도 없을 것입니다. 이런 말을 함부로 할 경우 아이는 부모를 원망하고, 자기 자신에게 무기력해질 뿐 더 이상 나아지려는 의지도 갖지 못합니다.

누구보다도 나를 가장 지지해줘야 할 존재인 부모로부터 비난을 받을 때 아이가 마음에 품게 될 좌절감은 자칫 평생 동안 지워지지 않을 수도 있습니다.


## ② 원망하는 말

"내가 너한테 어떻게 했는데!"
"이게 다 너 때문이야."
"너한테 들어간 돈이 얼만데 넌 이것밖에 못 하니?"
"난 너한테 할 만큼 했다."
"어휴, 내가 너 때문에 못 살아."


자녀에게 지나친 기대와 욕심을 크게 갖는 부모일수록 예상하지 못한 상황이 벌어졌을 때 아이에 대한 실망감도 커질 수 있습니다. 실망이 클수록 불안감도 커지고, 불안감이 커질수록 아이에 대한 원망의 마음도 커져서 그 마음을 말로 표출할 위험이 있습니다.

하지만 부모의 보상심리와 원망의 말 한 마디 때문에 아이는 자

기 자신에 대한 무력감과 죄책감만을 갖게 될 수 있으니 주의해야
합니다.


## ③ 다른 아이와 비교하는 말


"넌 왜 동생만도 못하니?"
"형은 이렇게 잘하는데 왜 넌 못하니?"
"아무개는 100점 맞았다는데 넌 왜 점수가 이것밖에 안 되니?"
"왜 넌 저 아이처럼 못하니?"


아이에게 자극을 주고 동기부여를 한다는 명목 하에 다른 아이와,
혹은 형제자매 간에 비교의 말을 직접적으로 하는 경우가 있습니다.
하지만 어린 시절에 다른 아이와 비교되는 말을 듣는 것은 자극보다
는 '역시 난 이것밖에 안 된다' 는 포기를 불러일으킬 뿐입니다. 타인
과의 비교는 아이뿐 아니라 어른에게도 큰 상처가 될 수 있음을 기억
해야 합니다. 형제자매끼리 다툴 때에도 일방적으로 한 아이만 야단
치거나 책임을 지우는 것은 좋은 방법이 아닙니다.
제 아이들은 연년생이다 보니 어렸을 때 자주 다투고 음식을 먹을

때도 서로 먼저 엄마 아빠에게 주겠다며 토닥거리곤 했습니다. 아무리 싸우지 말라고 타일러도 아이들이 말을 잘 듣지 않았습니다.

그래서 하루는 극단적인 방법을 써봤습니다. 밤에 둘이서 손 붙잡고 운동장을 돌고 오라고 한 것입니다. 운동장을 돌고 온 아이들은 더 이상 다투지 않았습니다. 그리고 아들은 "누나가 있어서 안 무서웠어요.", 딸은 "동생이 있어서 무섭지 않았어요."라는 말을 하며 안도의 한숨을 내쉬고 둘이 같이 웃었습니다.

형제끼리 자주 다투는 경우에는 야단을 치기보다는 이처럼 저희끼리 단합하고 의지할 수 있는 특별한 기회를 만들어주는 것도 좋은 방법입니다.


## ④ 억압적 명령의 말

"아빠가 이거 하랬잖아. 아빠 말은 무조건 들어."
"엄마가 하라면 하라는 대로 해."
"시끄러워. 말대꾸하지 마."
"이게 다 널 위해서야. 엄마(아빠) 말 들어."
"들어가서 공부해."

부모들이 홧김에 아이를 야단칠 때 흔히 하는 말 중 하나가 억압적 명령조의 말입니다. 자녀를 훈육하고 통제해야 한다는 강박관념이 높은 부모일수록 억압적인 언어를 자주 사용합니다.

하지만 가정의 질서와 자녀에 대한 통제는 일방적인 복종과 억압으로 이루어지는 것이 아닙니다. 아이들은 부모의 권력 앞에 무조건 순종시켜야 할 대상이 아님을 깨달아야 할 것입니다.


## ⑤ 추궁하는 말

"아까 숙제 하라고 했지? 다 했니? 어디 봐봐."
"학교에서 말썽 부리지 않았니? 선생님한테 전화해서 확인해
볼까?"
"너 또 숙제 안하고 게임 했지?"
"바른대로 말해!"


부모가 지시한 것을 아이가 지키지 않았을까 봐, 혹은 부족함이 있었을까 봐 걱정이 되고 노심초사하는 경우 자꾸만 불안해져서 아이를 확인하고 싶어질 수 있습니다.

하지만 아이에 대한 애정과 관심을 표하는 수준을 넘어 아이를 통제하고 감시하고 추궁한다는 느낌이 아이에게 전해진다면 아이는 부모와 떨어져 있을 때조차도 부모에게 억압당하는 기분 때문에 마음의 문을 닫아버릴 수 있습니다. 아이가 마음의 문을 닫아버리면 대화의 통로도 차단됩니다.

또한 계속되는 부모의 추궁에 직면하는 아이는 그 순간을 모면하기 위해 거짓말을 할 수도 있습니다. 부모는 아이에 대한 관심이 집요한 감시나 추궁이 되지 않도록 감정을 자제하고 선을 지켜줄 줄도 알아야 합니다.


## ⑥ 비꼬는 말

"잘하는 짓이다."
"그럼 그렇지. 네가 이럴 줄 알았다."
"누굴 닮아서 이러겠니? 뻔하지."
"너를 믿은 내가 잘못이다."

아이에 대한 분노나 실망의 감정이 미처 조절되지 않았을 경우, 그리고 감정에 휘둘려 홧김에 야단을 칠 경우 아이를 향해 비꼬는 말을 던지는 경우가 있습니다. 단순히 화만 내는 것이 아니라 배배 꼬인 표현법으로 아이를 비난할 때 아이의 마음은 반항심과 반발, 그리고 부모에 대한 분노로 차오르게 됩니다. 또한 자녀에게 비꼬는 말을 하는 부모의 표현법을 그대로 배우게 됩니다. 이런 표현은 상대방에게 상처만 줄 뿐입니다.


## ⑦ 협박조의 말

"한 번만 더 그러면 내쫓을 줄 알아."
"계속 이런 식이면 밥 굶길 거야."
"다음에도 이런 점수 받으면 이건 압수야."
"하지 말라고 했잖아! 매를 좀 맞아야 정신 차릴래?!"
"아버지한테 이른다."

아이의 부족함을 통제하고 강력한 훈육 효과를 내기 위해 아이에게 협박조의 말을 하는 경우가 많습니다. 잘한 것에 대해 칭찬과 보상을 하고 잘못한 것에 대해 꾸중과 훈육을 해야 하는 것은 맞지만, 매번 아이를 협박하는 듯한 말로 권력을 휘두르는 것은 공포 분위기를 유발할 뿐 그리 큰 효과는 없습니다.

이런 식의 꾸중은 부모에 대한 두려움만을 조장하고, 협박을 피하기 위해 위기의 순간을 일시적으로 모면하려 하게 만들 뿐입니다. 아이와 진정으로 소통하기 위해서는 협박을 통한 통제는 무의미합니다.


## ⑧ 무시하는 말

"어린 게 뭘 알아."
"넌 알 것 없어."
"넌 아직 이런 건 몰라도 돼."
"바보야, 어떻게 이걸 몰라? 지난번에 배웠잖아."
"조그만 게 뭘 그런 걸 물어 봐? 조용히 해."


어른들이 아이들에게 무심코 하는 말 중에, 어리다고 해서 아이를 대놓고 무시하는 말이 의외로 많습니다. 아직 어리다는 이유로 아이를 무시하는 말을 하면 아이도 어른에게 같은 감정을 갖게 됩니다. 즉 은연중에 '어른이라고 해서 존경할 이유가 없구나.' 라고 배우게 되는 것입니다.

부모로서 자녀의 존경을 받으려면 부모도 자녀를 인격적으로 존중해줘야 합니다. 존중받은 아이가 부모를 존경할 줄 알고 남을 존중할 줄도 알 것입니다.

꼭*
짚고나가기

## [ 1. 아이의 질문을 귀찮아하지 말자 ]

아이의 말문이 트이고 나면서부터는 궁금한 것도 많고 질문도 많아지는 것이 당연합니다. 5세를 전후로 해서 하루 종일 끊임없이 "왜?"라는 질문을 던져 부모를 지치게 만들기도 하고, 사소한 것 하나하나까지 궁금해 하는 시기가 이어집니다.

어른의 입장에서 보면 귀찮기도 하고, 어떻게 대답을 해줘야 할지 말문이 막힐 때도 있고, 질문이 너무 사소하고 하찮은 것 같아 무시하고 싶어지기도 합니다. 때로는 어른이 도저히 생각할 수 없는 황당한 질문을 던져 기가 찰 때도 있습니다. 그래서 "원래 그런 거야."라든가 "지금 바쁘니까 나중에 얘기해줄게." 하면서 아이의 질문을 묵살하거나 대답을 미루는 경우가 많습니다.

하지만 아이들의 질문은 정말 그 질문에 대한 정답을 요구하려는 게 아님을 알아야 합니다. 어른이 느끼기엔 시시한 질문이라도 아이에게는 정말 궁금한 문제일 수 있으며, 질문하고 대답을 듣는 과정 자체가 세상을 이해하고 사고하는 능력을 키워가는 발달 단계이기도 합니다.

요즘에는 "왜?"라는 질문을 하기도 전에 먼저 TV나 컴퓨터에서 알려주는 것들이 많아 아이들의 호기심이 사라질까 봐 걱정입니다. 궁금한 것을 묻어두지 말고, 마음속에 있는 호기심을 찾아 탐색할 수 있도록 부모가 도와줘야 합니다. 아이와 백과사전을 함께 찾아보면서 호기심을 충족시켜 주고 스스로 찾아볼 수 있도록 도와주는 것도 좋은 방법입니다.

만약 귀찮고 시시하다는 이유로 아이의 질문을 무시하거나 회피할 경우, 아이는 지적 호기심의 싹을 키울 기회도 차단당할뿐더러 부모와 소통하는 방법도 익히지 못하게 됩니다.

이렇게 자란 아이들은 나중에 사춘기와 청소년기가 되었을 때 부모와의 소통을 차단할 수도 있습니다. 어릴 때와 반대의 입장이 되어 부모가 자녀의 생각과 생활에 대해 궁금해 질문을 해도 자녀는 부모를 귀찮아하며 방 문을 닫아버리고 마음의 문도 닫아버리는 것입니다.

부모에게 마음의 문을 닫지 않는 아이로 키우기 위해서는 아이가 부모에게 많은 질문을 하는 시기에 부모가 친절하게 대답을 해줄 수 있어야 합니다. 어려서부터 부모와 대화의 채널을 경험한 아이가 성장해서도 부모와 대화하고 소통하게 될 것입니다.


## [2. 부모의 믿음과 사랑만큼 성장하는 '피그말리온 효과']

아이들은 부모와 선생님이 기대해주고 믿어주는 만큼 발전하고 성장합니다. 이것을 교육심리학에서는 '피그말리온 효과'라고 부릅니다.

 황금률 교육법 6  부모가 변하면 아이도 변한다

피그말리온 효과는 '자기충족예언', '자성적 예언', '로젠탈 효과' 라고도 불립니다. 피그말리온은 그리스 신화에 나오는 조각가의 이름에서 따온 것입니다. 천재적 조각가 피그말리온은 정교하고 아름다운 여인의 동상을 조각하고 자신의 작품에 심취한 나머지 무생물의 동상에 불과한 그 여인과 사랑에 빠지게 됩니다. 이를 불쌍히 여긴 아프로디테 여신이 그 여인상에게 생명을 불어넣어주었다는 이야기입니다.

1968년 미국 하버드대학의 심리학 교수인 로버트 로젠탈과 초등학교 교장인 레노어 제이콥슨이 미국의 한 초등학교에서 전교생을 대상으로 한 지능검사를 실시했는데, 검사 결과와 상관없이 무작위로 한 반에서 20% 정도의 학생을 뽑았습니다. 그리고 점수와 상관없이 뽑은 그 학생들의 명단을 교사에게 주면서, '이 아이들은 지적 능력이나 학업성취의 향상 가능성이 높은 학생들' 이라고 믿게 하였습니다.

그 후 8개월이 지난 후, 이전과 같은 지능검사를 다시 실시했는데, 놀랍게도 무작위로 명단에 뽑힌 20%의 학생들은 다른 학생들보다 평균 점수도 높게 나왔고, 학업성적도 크게 향상되었다고 합니다.

이 연구 결과를 통해 교사가 학생에게 거는 기대감과 격려가 실제로 학생의 학업 능률 향상에 효과를 미친다는 점이 입증되었으며, 이후 '로젠탈 효과' 라고 일컬어지게 되었습니다. '피그말리온 효과' 와 마찬가지로 이는 타인의 존중과 기대감을 받을수록 그 기대에 부응하는 쪽으로 발전하려고 긍정적으로 노력하게 되는 인간의 심리를 의미합니다.

교사는 물론이고 부모가 자녀에게 믿음을 갖고 격려하며 관심을 가질수록 아이는 발전합니다. 아이의 마음을 이해하고 진심 어린 사랑을 표현하는 부모의 교육을 통해 아이도 변화하고 성장합니다.


## [ 3. 아이들에게 이 말은 꼭 하자 ]


**- 아이에게 정직함을 가르치는 14가지 말**

1. 네 눈으로 직접 확인해 보렴.

2. 같은 입장이었다면 기분이 어땠겠니?

3. 사람마다 생각이 다르단다.

4. 속여서 이기는 것보다 지는 게 낫단다.

5. 규칙은 반드시 지켜야 해.

6. 남의 외모에 대해 함부로 말하면 안 된단다.

7. 잘못을 했으면 바로 사과하자.

8. 거짓말로 위기를 모면하면 마음이 슬퍼져.

9. 엄마(나)라면 어떻게 했을까?

10. 남의 이야기에 귀 기울이자.

11. 최선을 다하는 사람을 칭찬하자.

12. "나만 좋으면 돼." 하는 사람에겐 아무도 도움을 주지 않는단다.

13. 그러면 네 행동은 옳았니?

14. 말은 사람에게 상처를 주기 위해 있는 게 아니란다.

**- 아이의 용기를 길러 주는 14가지 말**

1. 어디 한번 해 볼까?

2. 이런 일도 할 수 있구나!

3. 마지막 결정은 스스로 하렴!

4. 실패했으면 다시 하면 돼.

5. 무슨 일이든 최선을 다하자.

6. 엄마(아빠)는 언제나 네 편이란다.

7. 싸우지 않으면 안 될 때도 있단다.

8. 모든 것이 호박이라고 생각해 보렴!

9. 무서울 때는 큰 소리를 내 보자.

10. 모르는 것을 물어보는 것도 용기란다.

11. 남의 비웃음에 신경 쓰지 마라.

12. 넌 훌륭한 사람이야.

13. 부드러운 네가 참 좋아.

14. 웃으면서 이야기할 때가 올 거야.


**- 아이의 기분을 밝게 하는 14가지 말**

1. 정말 잘 어울려.

2. 좋은 일 있었니?

3. 엄마(아빠)는 언제나 널 믿는단다.

4. 웃는 얼굴이 최고야.

5. 잘했어!

6. 엄마(아빠)도 네 나이 때로 돌아가고 싶구나.

7. '안녕, 잘 자.' 하고 인사를 나누자.

8. 참 좋은 친구들을 두었구나.

9. 이번엔 엄마(아빠)가 졌어.

10. 우리, 조금 느긋해지자.

11. 재미있니?

12. 자, 이제 싫은 소리는 이쯤에서 그만 하자.

13. 이것이 네 장점이구나.

14. 어른이 다 되었네.

**- 아이에게 자신감을 심어주는 14가지 말**

1. 도와줘서 고마워.

2. 참 즐거워 보이는구나.

3. 잘 되지 않을 수도 있어. 누구에게나 그런 경우가 있단다.

4. 아무리 생각해도 이해할 수 없는 일이 있단다.

5. 하고 싶은 말은 확실하게 하렴.

6. 참 재미있는 생각이구나!

7. 한 번 해 보자.

8. 잘 참았어. 훌륭하다.

9. 엄마(아빠)는 네가 반드시 할 수 있다고 생각해.

   황금률 교육법 6  부모가 변하면 아이도 변한다

10. 어떤 경우에도 너는 너야.

11. 엄마 아빠는 여기까지밖에 못 했단다.

12. 가슴을 활짝 펴 보자.

13. 남과 다르다는 건 매우 중요한 거야.

14. 할 수 있다고 마음먹었으면 무엇이든 해.

- 출처 〈아이를 빛나게 하는 금쪽같은 말〉(타코 아키라 지음) 중에서

## [4. 부부싸움을 할 때에도 지킬 것이 있다]

아이들 앞에서는 부모가 싸우는 모습을 절대 보여서는 안 된다는 것이 우리가 그동안 알고 있던 상식이었습니다. 그러나 아이들 앞에서 싸우면 안 된다는 고정 관념과 달리 최근에는 싸우더라도 지킬 것을 지켜가며 부부싸움을 하는 것이 오히려 낫다는 의견이 큰 공감을 얻고 있습니다.

아무리 아이를 키우는 부모라 하더라도 남편과 아내 사이에 종종 의견 불일치가 빚어지는 것은 당연한 일입니다. 이런 모습을 아이들에게 무조건 감출 것이 아니라, 부부 사이의 서로 다른 의견과 사고를 존중하고 인정하되 점차 합의에 도달해 나가는 과정을 자녀들 앞에서 자연스럽게 보여주는 것이 더 교육적이라는 것입니다.

아무것도 모를 것 같은 어린 아기들이라 할지라도 부모의 불안감과 불화를 감지

해내는 능력이 있습니다. 밝고 원만한 부모 밑에서 자란 아이와 불행한 부모 밑에서 자란 아이는 이미 어릴 때부터 표정이 다릅니다.

서로 충돌하더라도 상호 의견을 충분히 교환하는 부모를 보며 자라난 아이들은 커서 자기와 다른 의견을 가진 수많은 사람들과 부딪혔을 때 지혜롭게 대처하는 방법을 습득할 수 있습니다.

이를 위해 다음과 같은 부부싸움의 규칙을 지킬 필요가 있습니다.

첫째, 비꼬는 말을 하지 말고 물리적 폭력은 절대 금물입니다.

냉랭하게 대하는 말, 상대방을 비꼬는 말을 들으며 자란 아이들은 어려서부터 남을 비꼬는 법을 배웁니다. 또한 물리적 폭력은 문제해결이 아닌 공포심을 유발합니다. 비꼬지 말고 갈등의 핵심을 당당히 드러내는 화법을 사용해야 합니다.

둘째, 아이들 앞에서 아이들 문제로 언성을 높이지 말아야 합니다.

아이들은 어른들이 생각하는 것 이상으로 죄의식을 갖기 쉽습니다. 부모의 말 한 마디만으로도 '자기 탓'이라고 믿어버리고 위축되는 것이 아이들임을 기억해야 합니다.

셋째, "네 엄마 때문이야.", "네 아빠가 잘못했지."와 같이 잘못을 상대방에게 전가하는 말, "너랑 상관없는 일이야."와 같이 문제를 회피하는 말, "집을 나가 버려야지."와 같이 홧김에 내뱉는 말을 피하도록 합니다.

  황금률 교육법 6  부모가 변하면 아이도 변한다

넷째, 부부싸움 후에는 아이들에게 엄마, 아빠가 왜 싸웠는지 그 이유를 알아듣기 쉽게 설명하고 반드시 사과하도록 합니다.

예를 들어 "네가 철수랑 놀 때 너는 소꿉놀이가 하고 싶은데 철수가 하지 못하게 해서 화가 난 적이 있지? 엄마, 아빠도 그래서 화가 났던 것이란다."와 같이 차근차근, 그리고 솔직하게 설명을 해주는 것이 좋습니다.


## [5. 아들과 딸은 훈육의 방식도 다르다]

남자와 여자의 두뇌기능이 달라 아버지와 어머니의 자녀양육방식에 차이가 있는 것처럼 아들과 딸도 성향이 다릅니다. 그런 만큼 훈육의 방식에도 차이를 두어야 합니다.

최근의 자녀교육 전문가들도 딸 키우는 방식과 아들 키우는 방식이 달라야 함을 지적하고 있는데, 실제로 남매를 키워본 부모들은 딸과 아들이 얼마나 다른지에 대해 이구동성으로 공감을 표하는 것을 자주 보게 됩니다.

자녀를 야단쳐야 할 때도 남녀의 두뇌 차이 즉 딸과 아들의 다른 점을 미리 알아두고 그에 맞는 방식으로 훈육하는 것이 효과적입니다.


### 딸을 훈육할 때

- 여자아이들은 남자아이들에 비해 언어능력이 더 앞서 있고 공감능력이 발달해 있는 경우가 많습니다. 부모의 기색을 살피고 분위기를 파악하는 직관력이 있어

아들에 비해 부모 눈에 거슬리는 말썽을 부리지 않으려 미리 대비하고, 어떻게 해야 야단을 맞지 않을지에 대해 비교적 재빨리 알아차리는 경향이 있습니다. 그래서 딸을 야단쳐야 할 경우에는 "네가 이렇게 약속을 지키지 않으면 엄마 마음이 어떨 것 같아?"와 같이 공감과 감정으로 호소하여 부모의 마음을 진심으로 전달하는 것이 좋습니다.

### 아들을 훈육할 때

- 남자아이들은 여자아이들에 비해 활동력이 왕성하고 호기심이 많아 말보다 행동이 앞서는 경우가 많습니다. 특히 어렸을 때는 여자아이들에 비해 언어능력이나 감수성, 공감능력이 뒤처지는 경향이 있고, 남성의 두뇌 성향이 그러하듯이 한 번에 한 가지의 행동만 하려 합니다. 그래서 겉으로 보기에 딸보다 산만하거나 말썽을 더 부리는 것처럼 보일 수 있습니다.

따라서 아들을 야단쳐야 할 경우에는 막연하게 공감을 요구하거나 감정에 호소하기보다는 지시사항을 구체적으로 말해주고 야단칠 때는 엄격하게 야단치는 것이 좋습니다. 그리고 지시한 것을 지켰을 때는 칭찬을 충분하게 해주어 자신감을 북돋워주는 것이 좋습니다.

   황금률 교육법 6  부모가 변하면 아이도 변한다

# 문제는 어떻게 키우느냐보다 어떤 부모가 되느냐다

　돌이켜보면 어렸을 때 저의 부모님은 제가 딸이라고 해서 '너는 여자니까', '자고로 여자는'과 같은 한계를 두는 말씀을 거의 하지 않으셨던 것 같습니다. 여느 가정의 아들과 다름없이 저의 미래를 위해 항상 격려를 해주시고, 공부든 운동이든 매사에 최선을 다할 수 있는 환경을 조성해주셨습니다.

　그러한 가르침을 받은 저는 부모님의 기대를 저버리지 않으려고 하면서도 무엇보다도 저 자신의 흥미와 꿈을 위해 고집을 굽히지 않은 삶이었던 것 같습니다. 유아교육이라는 진로를 선택함에 있어서도 '그냥 여자니까 적당히' 할 수 있는 직업으로서 유치원 교사를 생각한 적은 단 한 번도 없었습니다.

안정적이고 확고한 가정교육과 부모의 지혜가 아이의 미래에 얼마나 결정적인 영향을 끼치는지에 대해 나름의 확신과 철학을 갖게 되기까지, 제 부모님의 가르침이 큰 힘이 되어주었습니다.

두 아이들을 키우는 엄마가 되면서부터는 부모로서 아이들에게 기대를 갖되 아이들 각자의 '다름'과 '개성'을 인정하지 않으면 안 된다는 것을 늘 잊지 않으려 노력했습니다. 그래서인지 제 두 아이들은 별다른 사교육을 시키지 않았음에도 불구하고 각각 숙명여대 교육대학원의 중국어교육과와 고려대 경제학과를 졸업하여 자신의 앞날을 위해 주체적으로 생각하고 행동에 옮길 줄 아는 성인으로 자라 주었으니 참 고마운 일이라고 생각합니다.

사교육 때문에 걱정하는 어머니들, 사춘기 아이와의 불화 때문에 하소연을 하는 부모들, 부부 문제 때문에 이혼을 하고 싶은데 아이들 때문에 고민하는 부모들……. 사회가 복잡해지면서 자녀교육에 대한 부모들의 고민도 더욱 깊어지고 복잡해지는 것 같습니다.

하지만 어떠한 사회, 어떠한 시대라 하더라도 가정의 평화와 부모의 지혜가 자식 교육에 얼마나 큰 영향을 끼치는지에 대해 아무리 강조해도 지나치지 않다는 것을 느낍니다. 이 시대에 진정 선행되어야 할 것은 어쩌면 자녀교육이 아니라 부모교육일지도 모른다는 것을 말입니다. '내 아이에게 얼마를 들여 무엇을 가르칠까?' 하는 것보다

'어떻게 하면 좀 더 성숙한 부모가 될까?' 에 대해 더 많은 부모들이 생각해보았으면 하는 바램입니다.

저는 아이들이 대학 갈 때 학비는 나중에 사회생활을 할 때 갚아야 한다고 말했습니다. 성실감과 책임감을 갖게 하고 싶었기 때문입니다. 한 번은 부모의 생일을 챙기지 않을 때 용돈에서 선물비를 제하고 보내준 적이 있습니다. 효를 가르치고 싶었기 때문입니다. 용돈을 보내주면 "감사합니다"라는 문자를 보내라고 했습니다.

부모의 희생과 헌신만이 아이들을 행복하게 하는 것은 아닙니다. 부모가 행복한 모습을 보일 때 아이들도 행복합니다.

우리나라가 행복지수가 낮은 것은 여러 가지 요인이 있겠지만 지나친 사교육으로 부모들이 노후 준비를 할 수 없는 현실 때문이라고 합니다.

부모라서 모든 것을 다 책임지려고 하는 것보다는 아이들과 함께 독서를 하고, 영화를 보고, 여행을 하고, 놀이를 함께 하는 추억을 많이 만드는 것이 더 중요한 일이라고 생각합니다.

아이들에게 어린시절 중 언제가 행복했냐고 물어본 적이 있었습니다. 엄마랑 날마다 서점에 들러서 책 한 권씩 사서 읽고 다 읽으면 또 사서 봤던 일, 간식 싸가지고 가서 쑥 깼던 일, 가족 모두 바닷가에 가서 모래 위에 그림 그리고 모래성 쌓았던 일, 일주일에 한 번씩 비디

오 빌려서 가족과 영화를 봤던 일, 아빠랑 낚시 갔던 일 등을 이야기하는 것을 보면 가족과 함께한 추억은 평생 행복한 기억으로 남아 삶의 에너지가 될 거라고 생각합니다.

끝으로 자상하면서도 때로는 엄격했던 아빠였지만 후원자로 내가 하는 일에 늘 응원을 하고 격려해준 남편, 알뜰하고 감성이 풍부해 기쁨과 행복을 주는 딸, 성실하게 책임감을 갖고 직장에 다니면서도 퇴근 후 학교 도서관에 가서 공부를 하고 오는 아들에게 감사와 사랑을 보낸다.

# 창의력을 발달시키는 놀잇감 교육, 이렇게 활용하자

## 아이들은 놀면서 배운다

아이들은 놀면서 배운다는 말이 있습니다. 그래서 놀이야말로 아이들의 생활이 되어야 할뿐만 아니라 가장 효율적인 학습방법이기도 합니다.

아이들은 물감 놀이를 하면서 과학의 개념을 배우고, 역할 놀이를 하면서 언어와 사회를 배우며, 친구와 함께 하는 블럭 쌓기를 통해 협동과 끈기를 배웁니다.

따라서 적절하고 효과적인 놀잇감을 활용하고 이 요령을 부모가 잘 숙지한다면 아이들의 놀이 시간을 더욱 재미있게 만들고 아이가 놀이에 몰입하는 시간을 길게 하여 성장 발달을 촉진시킬 수 있습니다.

이때 말하는 놀잇감이란 시중에서 파는 상품일 수도 있지만 집안에 있는 일상적인 생활용품이 될 수도 있습니다. 쉽게 구할 수 있는 나뭇잎이나 돌멩이, 그릇, 생활 도구 등 아이들의 흥미를 자극하는 모든 물건은 무엇이든 놀잇감이 될 수 있습니다.


## 비싼 놀잇감이 좋은 것은 아니다


놀잇감을 활용하기 위해서는 부모 기준에서 비싸고 화려해 보이는 것이 아니라 아이의 흥미와 개성에 맞는 것을 선택해야 합니다. 놀이를 하는 주체는 부모가 아니라 아이입니다. 아이의 연령대와 발달수준에 맞아야 할 뿐만 아니라, 부모 눈에 그럴 듯해 보이는 것이 아니라 아이가 지속적으로 흥미와 관심을 갖고 활용할 수 있는 것이어야 합니다.

너무 비싼 것을 아이가 사달라는 대로 사주는 것도 조심해야 합니다. 경제적으로 부담이 될뿐더러 정작 아이의 교육에는 도움이 되지 못한 채 한 번 쓰고 마는 무용지물이 될 수도 있기 때문입니다.

오히려 생활 속 폐품이나 안 쓰는 용품을 활용한 놀잇감이 두고두고 활용되거나 아이의 관심을 끌기도 합니다. 또한 부모가 손수 만들어주는 놀잇감은 아이들에게 더 친근하게 다가가고 창의적 행동의 모범을 보이는 데도 좋습니다.

## 융통성 있는 놀잇감을 택하자

놀잇감을 선택할 때는 인형, 자동차 등 한 가지 용도로 사용되는 장난감과 블럭, 점토 등 다용도로 여러 번 활용할 수 있는 장난감이 골고루 섞여 있는 것이 좋습니다. 다양하게 활용할 수 있는 놀잇감은 상상력을 자극하고 사고력, 문제 해결 능력, 융통성 등을 촉진시켜 줍니다.

이때 한 가지 주의할 점은 남아와 여아의 성역할에 대한 고정관념을 심어주는 것을 지양해야 한다는 점입니다.

남아에게는 로봇을, 여아에게는 인형과 소꿉놀이 세트를 사주는 것은 남녀의 고정된 성역할을 주입시킬 수 있습니다. 아이들에게는 각자의 취향이 다를 수 있으며, 남아도 소꿉놀이 세트를 가지고 놀 수 있고 여아도 공차기나 로봇을 좋아할 수 있습니다.

흔히 여아에게는 분홍색을, 남아에게는 파란색을 강요하는 것도 어른들의 고정된 성역할을 심어준다는 점에서 교육적으로는 그리 바람직하지 못한 방법입니다.


## 상상력을 자극하는 오감 놀잇감


생활 속에서 직접 만지고 보고 듣고 맛보고 냄새를 맡을 수 있는 오감 자극 경험은 아이들의 두뇌를 고루 발달시키는 데 큰 도움이 됩니다. 그래서 놀잇감도 아이들의 여러 가지 감각을 자극하여 상상력을 촉진시키는 것이 좋습니다.

감각을 자극하는 놀잇감 중에서 어디에서나 쉽게 구할 수 있고 의외로 교육 효과가 뛰어난 놀잇감은 바로 물입니다. 아이들의 물놀이는 거의 모든 어린이들이 무척 즐기는 놀이이면서 창의성 계발에도 도움을 줍니다.

예를 들어 욕조나 대야에 물을 받아 놀이를 하게 할 수 있는데, 가정에서 쉽게 구할 수 있는 약간의 소품들만 있어도 부모와 함께 즐겁고 교육적인 놀이 활동을 실천할 수 있습니다. 물통이나 분무기, 다양한 크기의 플라스틱 그릇, 스펀지, 빨래판, 물총 등이 이에 해당됩니다.

그밖에도 물감과 붓, 모래놀이를 할 수 있는 삽과 양동이, 체, 장난감 포크레인, 밀가루 반죽, 녹말 풀 등도 아이들의 오감을 고루 자극하는 좋은 놀잇감이 됩니다.


## 창의력을 극대화시키는 구성 놀잇감


3세 이후의 모든 아이들은 사고력이 발달하여 자신만의 세계를 만들고 싶어 합니다. 따라서 자신이 생각하는 대로 만들고 놀 수 있는 블럭 놀잇감이 큰 도움이 됩니다.

3세 정도의 유아들은 블럭을 이리저리 옮기거나 쌓는 단순한 놀이를 통해서도 큰 만족감을 느낍니다. 그래서 단순하고, 가볍고, 크기가 크고, 조작이 간단한 블럭이 좋습니다.

5세 이후의 아이들은 구조물을 만드는 것을 즐기고, 다 만든 후에는 자기가 만든 것을 활용하여 혼자 혹은 또래 친구와 역할놀이를 즐기기도 합니다. 그래서 자기가 의도하는 조형물을 섬세하게 만들어 볼 수 있는 플라스틱 블럭이 적당합니다. 이때 작은 자동차나 모형 동물 같은 장난감이 함께 있으면 사고력이 확장되는 데 도움 됩니다.

블럭에는 나무로 만든 블럭, 종이 벽돌 블럭, 플라스틱 끼우기 블럭, 우레탄 블럭 등이 있습니다. 또한 블럭과  함께 가지고 놀 수 있는 소품에는 나무 모형, 사람이나 동물 인형, 장난감 자동차, 상자, 널빤지, 교통 표지판 장난감 등이 있습니다.


## 사회성을 키워주는 역할 놀잇감


일반적으로 3세 이후의 유아들이 가장 즐겨 하는 것은 가족 역할극이고, 5세 전후의 아이들은 동화책이나 TV에서 본 인물이나 사건을 놀이화 하는 것을 좋아합니다. 그래서 소꿉놀이 세트를 비롯해 스스로 역할극을 창안해볼 수 있는 소품이 도움이 됩니다.

역할 놀이를 할 수 있는 놀잇감은 시중에서 판매하는 화려한 놀잇감을 무조건 사주기보다는 일상생활용품, 보자기, 종이로 만드는 가면, 블럭, 망토, 안 쓰는 주방용품 등을 활용할 수 있도록 기회를 주는 것이 좋습니다. 집에 있는 여러 가지 인형을 활용해 역할놀이를 할 수도 있고, 동물 모양의 모자 등 동화 속의 주인공을 연상시키는 다양한 소품도 활용할 수 있습니다. 가게놀이나 병원놀이를 할 수 있는 소품들도 도움이 됩니다.

## 집중력을 향상시키는 조작 놀잇감

조작 놀잇감은 어린이들의 소근육 발달을 도울 뿐만 아니라 수, 도형, 색깔, 분류, 비교 등의 수학적 개념 습득을 도와줍니다. 가지고 노는 동안 집중력과 지구력을 키워 주며 언어 및 사회성 발달, 감각 기능을 증진시키는 놀잇감을 통칭합니다.

각종 숫자와 도형 퍼즐을 비롯하여, 단추, 지퍼, 끈, 구슬, 병과 뚜껑, 냄비와 뚜껑 같은 일상생활의 용품들, 그림을 연결하여 짝을 맞추는 종류의 카드를 활용할 수 있습니다. 특히  열쇠와 자물쇠, 너트와 볼트처럼 쌍으로 이루어진 생활용품도 훌륭한 조작 놀잇감으로 활용됩니다.


## 언어 발달을 돕는 놀잇감

아이들은 이야기 듣는 것을 매우 좋아할 뿐만 아니라 이야기를 마음대로 꾸며 말해보거나, 듣고 지시하거나, 동요나 동시를 듣고 창작해보는 놀이를 즐겨 합니다. 글자나 단어에 해당되는 그림 카드를 찾아보는 놀이, 손인형이나 인형을 가지고 이야기를 꾸미는 놀이도 언어 능력을 자극하는 놀이들입니다.

그래서 동화책뿐만 아니라 CD나 DVD 같은 음성자료, 다양한 종류의 시청각 자료 등을 활용할 수 있습니다. 아이의 목소리를 녹음할 수 있는 녹음기기나 장난감 마이크, 종이와 연필과 지우개 같은 필기자료, 크레파스와 스케치북, 작은 화이트보드와 펜, 글자판과 스탬프 등이 이에 해당됩니다.

## 표현력을 계발하는 미술활동 놀잇감

미술은 아이들의 창의력과 표현력을 발달시킬 수 있는 가장 기본적이고도 중요한 놀이 활동입니다. 그림 그리기, 붙이기, 자르기와 찢기, 도장 찍기 등을 할 수 있는 평면 조형 놀잇감, 모형 빚기, 모빌 꾸미기, 바느질하기 같은 입체 조형 놀잇감이 모두 미술 놀잇감에 해당됩니다.

아이들이 있는 가정에는 일반적으로 크레파스와 스케치북, 색연필, 색종이, 풀 정도를 구비하고 있는데, 커다란 종이 상자를 마련하여 그 안에 여러 가지 폐품을 담아두고 아이가 자유롭게 미술활동에 활용하게 한다면 표현력을 더욱 풍부하게 발달시켜줄 수 있고 창의력도 더욱 계발시킬 수 있을 것입니다.

종이도 도화지뿐만 아니라 모조지, 갱지, 색종이 등 다양한 재질의 종이를 마련할 수 있습니다. 크레파스, 사인펜, 연필, 색연필, 색깔 분필, 파스텔, 붓, 물감 등 그림 도구가 다양할수록 좋으며, 밀가루 점토, 지점토, 찰흙 같은 여러 종류의 점토류도 미술 놀잇감이 될 수 있습니다.

그밖에 수수깡, 솜, 종이 박스, 달걀 판, 종이컵, 봉투, 우유곽, 플라스틱 병 같은 폐품이라든가, 솔방울이나 조약돌, 나뭇잎, 씨앗, 모래 같은 자연물도 미술에 활용할 수 있을 것입니다.


## 과학적 개념발달을 돕는 놀잇감

아이들은 주변 환경 관찰만으로도 과학적 호기심을 충족시킬 수 있습니다. 5세 이후의 아이들은 조금만 지도해주어도 예측, 관찰, 기록, 분석이 가능합니다.

그러므로 주변 환경을 둘러보며 관찰하고 측정할 수 있는 기회를 많이 주는 것이 좋습니다. 집에 있는 체중계나 저울, 자, 온도계, 시계, 부엌에서 쓰는 계량컵과 스푼 등이 이에 해당됩니다.

거울이나 확대경, 자석 등도 아이들의 훌륭한 과학 도구가 될 수 있고, 물과 모래만으로도 측정과 계량 놀이를 유도할 수 있습니다.

특히 동물이나 식물을 직접 길러보고 관찰해보는 것은 과학적 사고력에 큰 도움이 됩니다. 화분과 꽃삽 등으로 식물을 직접 키우고 매일 관찰하게 해줄 수도 있고, 작은 어항이나 수조에 금붕어 등을 직접 길러보게 할 수도 있습니다. 주변 식물, 곤충, 돌멩이, 씨앗, 꽃잎, 나뭇잎 등도 자연관찰의 대상이 됩니다.


## 신체활동은 아이들의 성장발달을 돕는 가장 좋은 놀이이다

뜀박질을 하고, 달리기를 하고, 뒹굴고, 미끄러지고, 기어 올라가는 다양한 신체활동이야말로 아이들이 가장 많이 해야 하는 중요한 놀이입니다.

신체활동을 할 수 있는 놀이들은 아이들의 신체 발육을 촉진시킴은 물론이고 공간감각과 사회성을 아울러 키워줍니다. 미끄럼틀을 올라가면서 높이, 거리, 방향에 대해 자연스럽게 학습하고, 터널 속을 기어가면서 공간 개념을 익히는 등 지적 발달과도 밀접하게 연관되어 있습니다. 또한 또래 친구들과 함께 뛰어노는 것은 사회성 발달과 건

전한 자아개념 형성에 있어 가장 핵심적인 도움을 줍니다.

미끄럼틀이나 시소, 그네, 정글짐 등 흔히 놀이터에서 접할 수 있는 모든 시설들이 아이들을 위한 최적의 교육 도구가 됩니다. 자전거나 공, 줄넘기, 이동식 소형 농구대, 홀라후프 같은 기구나 소도구들도 늘 구비하여 아이가 집 안팎에서 신체활동을 할 수 있도록 도와주는 것이 좋습니다.


## 소리와 음악적 자극이 풍부할수록 정서가 발달된다


모든 아이들은 본능적으로 노래와 리듬과 음률을 즐길 줄 압니다. 따라서 두드리고, 치고, 흔들어볼 수 있는 모든 도구들과 악기들은 아이들의 감각을 자극하는 훌륭한 교육 자료가 될 수 있습니다.

소리와 음악을 통해 아이들의 창의성과 사회성뿐만 아니라 감각기능, 정서발달을 극대화시킬 수 있습니다. 반드시 악기가 아니더라도 냄비 뚜껑이나 주걱, 숟가락과 젓가락, 깡통, 막대기 등 소리를 낼 있는 것은 무엇이든 좋습니다. 탬버린과 트라이앵글, 캐스터네츠, 소고, 작은 북 같은 리듬악기, 그리고 실로폰이나 멜로디언 같은 가락악기 등을 충분히 가지고 놀게 하여 소리와 음률의 기쁨을 만끽할 수 있도록 장려해야 합니다.


## 부모는 자녀를 위한 최고의 놀이친구다

이 세상 모든 아이들이 부모에게 원하는 가장 큰 바람은 '함께 놀아 주는 것'입니다. 그 어떤 비싼 장난감이나 화려한 놀잇감도 부모가 함께 놀아주는 것만큼은 못합니다.

부모가 아이와 함께 게임을 하고, 퍼즐을 맞추고, 동화책을 소리 내어 읽어주고, 역할을 맡아 극놀이를 하면서 아이의 놀이를 확장시킬 수 있습니다.

예를 들어 병원놀이를 함께 하면서 부모가 환자로 참여하여 "열이 많이 나는데 체온계로 열 좀 재어 주세요." 같은 이야기를 한다면 아이는 부모로부터 사회에서 필요한 대화 기법과 병원에서 하는 일과 일의 절차를 실질적으로 습득하게 됩니다.

또한 부모가 함께 놀이에 참여하면 아이는 자신의 놀이가 인정받는다고 생각하여 더욱 자신감을 갖고 부모의 애정을 느끼게 됩니다.

## 정리도 놀이의 일부가 되게 하자

자녀와 놀이를 할 때, 놀이가 끝난 후 정리하는 방법을 가르쳐주는 것 역시 교육적으로 중요합니다.

제 아이들이 2세에서 4세 정도 되었을 무렵, 퇴근 후 집에 가면 방 안 가득 책, 옷, 장난감이 쌓여 있곤 했습니다. 당시 아이 돌봐주는 아주머니가 계셨지만 치우지 않아도 된다고 말씀드리고 아이들이 마음껏 놀게 해달라고 부탁드렸습니다. 만약 아주머니께 정리정돈을 해달라고 한다면 제 아이들은 자유롭게 놀지 못하고 늘 구속을 받을 수도 있을 거라고 생각했기 때문입니다.

그 대신 퇴근하고 집에 오면 색깔 있는 바구니 3개에 책, 옷, 장난감을 분류하는 놀이를 아이들과 함께 했습니다. 정리를 놀이처럼 만든 것입니다. 놀이처럼 즐겁게 정돈하게 하고, 제가 피아노를 쳐주면 아이들이 음악에 맞춰 노래도 하고 율동을 하며 아이들과 저녁 시간을 함께 보내곤 했습니다.

이처럼 무엇이든 재미있게 할 수 있게 하면 긍정적이고 밝은 아이, 책임감 강한 아이가 될 것이라고 확신합니다.

가지고 놀던 놀잇감을 아이가 손수 제자리에 정리할 수 있도록 아이에게 기회를 주고, 정리할 것이 너무 많으면 부모가 함께 도와주되 아이도 반드시 참여하게 하는 것이 좋습니다. 이러한 습관은 아이로 하여금 자기 것을 알아서 챙기고 정리하는 생활습관은 책임감을 키워줄 수 있습니다.

정리를 할 때는 사방이 막힌 통 안에 일괄적으로 보관하는 것보다는, 앞이 트이거나 밖에서 속이 비쳐 보이는 바구니 등에 놀잇감을 종류별, 품목별로 모아보게 하는 것도 좋은 방법입니다. 이렇게 하면 아이들이 원하는 것을 제때 쉽게 찾을 수 있을 뿐만 아니라, 기존에 가지고 있던 것을 잊어버리지 않고 여러 번 활용할 수 있게 도와줍니다.

# 아이의 행복한 미래를 위해
# 부모는 무엇을 해야 할까요?

대한민국의 모든 부모님들 안녕하십니까?

도서출판 개미와 베짱이 입니다.

아이 키우기가 점점 힘든 세상이 되어가고 있다고 합니다. 아이를 훌륭하게 키우고자 하는 부모들의 간절함은 예나 지금이나 마찬가지이지만 아이들이 태어나면서부터 처하게 되는 환경과 사회가 너무나도 많이 달라졌기 때문입니다. 예전 같으면 성장하면서 자연스럽게 해결되었을 문제들이 해결되지 않은 채 아이의 마음을 다치게 하기도 하고 온갖 유해한 환경들이 아이의 신체와 정신을 공격하여 돌이킬 수 없는 장애를 초래하기도 합니다.

예전의 어른들은 아이는 원래 다치기도 하고 넘어지기도 하고 싸우기도 하면서 제 그릇대로 크게 마련이라고 말씀하셨습니다. 그러나 요즘의 사회는 부모가 자녀의 몸과 마음의 정상적이고 건강한 성장을 위해 적극적으로 관심을 기울이고 아픈 곳을 치료해주지 않으면 안 되는 환경이 되었습니다. 진정한 교육의 키워드는 부모의 사랑과 관심, 그리고 교육의 재미와 행복입니다. 얼핏 들으면 진부해 보일 수도 있는 이러한 키워드들은 사실은 우리가 그동안 간과하고 지나쳤던, 그러나 동서고금의 모든 자녀교육에서 절대로 놓쳐서는 안 되는 철학이기도 합니다.

부모의 강압이 아닌 자녀 스스로의 주체성을 살리고 뭔가를 억지로 주입하는 것이 아닌 생활 속에서 물 흐르듯 이루어지는 생생한 교육을 위해 부모들이 먼저 바뀌어야 합니다. 부모의 생각이 조금만 바뀌어도 아이의 인성과 미래가 달라진다는 것을 알려주는 교육 지침서입니다.

아이의 미래를 걱정하는 부모님들에게 교육 브랜드 '개미와 베짱이'의 책들이 조금이나마 도움이 되고자 합니다. 앞으로도 꾸준히 좋은 책으로 찾아뵙겠습니다.

**과잉행동
어떻게 할까**

씩씩하고 밝게
자라야 할 아이들의
심리와 행동에 대한
명쾌한 해답

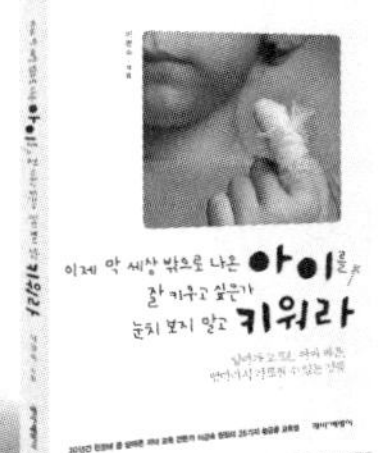


**눈치보지
말고 키워라**

엄마가 모르는
아이 마음
엄마라서
가르칠 수 있는 것들

이제 막 세상 밖으로 나온 아이를
잘 키우고 싶은가?

## 눈치 보지 말고 키워라

**1판 1쇄** 인쇄 | 2014년 04월 05일
**1판 1쇄** 발행 | 2014년 04월 20일

**지은이** | 이경숙
**발행인** | 이용길
**발행처** | 개미와베짱이

**관리** | 정윤
**디자인** | 이룸

**출판등록번호** | 제 396-2004-110호
**등록일자** | 2004. 11. 9
**등록된 곳** | 경기도 고양시 일산동구 호수로(백석동) 358-25 동문타워 2차 519호
**대표 전화** | 0505-627-9784
**팩스** | 031-902-5236
**홈페이지** | http://www.moabooks.com
**이메일** | moabooks@hanmail.net
**ISBN** | 978-89-92509-25- 1 13590

· 좋은 책은 좋은 독자가 만듭니다.
· 본 도서의 구성, 표현안을 오디오 및 영상물로 제작, 배포할 수 없습니다.
· 독자 여러분의 의견에 항상 귀를 기울이고 있습니다.
· 저자와의 협의 하에 인지를 붙이지 않습니다.
· 잘못 만들어진 책은 구입하신 서점이나 본사로 연락하시면 교환해 드립니다.

개미와베짱이 는 독자 여러분의 다양한 원고를 기다리고 있습니다.
(보내실 곳 : moabooks@hanmail.net)